高等院校材料科学与工程实验系列教材

材料力学实验

Material Mechanics Experiments

董继蕾　主编

中国科学技术大学出版社

内 容 简 介

本书是根据材料力学课程教学的基本要求编写的,既可以与少学时、多学时的材料力学教材配套使用,也能满足材料力学实验单独设课的需要。

本书把材料力学实验分为材料的力学性能测定实验、电测应力分析实验与综合性和设计性实验三个部分。材料的力学性能测定实验和电测应力分析实验是材料力学课程基本要求规定的实验内容,包括破坏性实验、材料弹性常数测定实验、弯曲正应力实验和弯曲组合变形实验等。综合性和设计性实验包括应变片粘贴技术、压杆稳定实验、偏心拉伸实验、方框拉伸实验、圆框拉伸实验等。

本书可作为高等工科院校土建、机械、水利等专业实验教材,也可供其他相关科技人员参考。

图书在版编目(CIP)数据

材料力学实验/董继蕾主编.—合肥:中国科学技术大学出版社,2019.2(2023.3重印)

ISBN 978-7-312-04576-9

Ⅰ.材… Ⅱ.董… Ⅲ.材料力学—实验—高等学校—教材 Ⅳ.TB301-33

中国版本图书馆 CIP 数据核字(2018)第 263253 号

出版	中国科学技术大学出版社
	安徽省合肥市金寨路 96 号,230026
	http://press.ustc.edu.cn
	https://zgkxjsdxcbs.tmall.com
印刷	合肥市宏基印刷有限公司
发行	中国科学技术大学出版社
开本	710 mm×1000 mm 1/16
印张	9.25
字数	191 千
版次	2019 年 2 月第 1 版
印次	2023 年 3 月第 2 次印刷
定价	28.00 元

前　言

　　为提高学生的实验技能和实践能力,适应教育部关于工科高等院校基础课力学实验教学,也为力学实验课独立开课做准备,特编写了本教材。

　　全书共分为四章。第一章为绪论,阐述材料力学实验的重要性、内容方法及要求。第二章主要讲述材料力学实验所需的材料试验机的结构、测试原理和操作规程,包括电子万能试验机和电子扭转试验机,还详细介绍了材料力学性能测试的实验方法和几种破坏性实验。第三章主要介绍电测应力分析实验方法,主要根据学校现有的电测实验装置,编写所能做的实验及操作方法。如果力学实验单独开课,这些实验也可达到由学生自己从粘贴应变片到设计电测桥路,到最后实现实验的效果。第四章为综合性和设计性实验,这些实验主要把学生在前一阶段所学的知识应用到实际测试中,提高学生的动手能力。另外,本书还设有附录和实验报告部分,附录介绍了误差分析和实验数据处理、最小二乘法直线拟合、常用材料的主要力学性能表、材料力学性能试验的相关国家标准以及材料力学主要符号表;实验报告为全书所有实验的实验报告模板。

　　本书由董继蕾主编,闫立宏和郝朋伟参编。在本书的策划和编写过程中,我们参阅了许多工科院校的力学实验指导书,同时得到了安徽理工大学基础力学教学实验中心、基础力学系老师们的支持和帮助,在此对他们表示衷心的感谢。

　　限于编者的水平,教材可能尚有欠妥之处,恳请广大师生和读者批评指正。

编　者

2018 年 4 月

目　　录

第一章

绪　论

第一节 材料力学实验的重要性

科学实验是科学理论的源泉、自然科学的根本、工程技术的基础。

材料力学实验是材料力学课程的重要组成部分。材料力学的结论和定律,材料力学性能及表达材料力学性能的常数都需要通过实验来验证或测定,如"胡克定律"就是罗伯特·胡克于1668~1678年间做了一系列弹簧和钢丝实验之后建立的;又如材料力学的创始人伽利略就曾用实验的方法研究了拉伸、压缩和弯曲等有关现象。近代塑性理论的应力应变关系、高温蠕变的基本定律、金属疲劳的持久极限都是以实验为基础建立的。各种条件下材料的力学性能研究,实际工程构件的强度、刚度和稳定性的研究,也是依靠实验得到解决的,因此材料力学实验是工程技术人员必须掌握的技能之一。通过材料力学实验使学生掌握测定材料力学性能的基本知识、基本技能和基本方法,对于培养学生的动手能力、分析问题的能力以及严肃认真、实事求是的科学态度都是极为重要的。

第二节 材料力学实验的内容

材料力学实验,按其性质可以分为以下三类。

一、测定材料力学性能实验

材料力学公式具有局限性,根据公式只能算出杆件在集中载荷或分布载荷作用下应力的大小。通过对材料进行相应的实验,例如拉伸、压缩、扭转、冲击和疲劳实验,可以测得材料的屈服极限、强度极限、延伸率和弹性模量等,从而建立相应的强度条件、刚度条件和稳定性条件。这是材料在工程应用中必须要考虑的参数和依据。为了使所测数据具有可比性,国家对标准的试件的尺寸和形状都做了标准化的规定。

二、验证理论的实验

将实际问题抽象为理想的模型(如杆的拉伸、压缩、弯曲等),再根据科学的假设(如平面假设、均匀性假设和各相同性假设等)导出一般性公式,这是研究材料力学的基本方法,但是这些简化与假设是否正确,理论公式是否能在假设中应用,都需要通过实验来验证。此外,对于一些近似解答,其精确度也必须通过实验验证后才能在工程设计中使用。

三、应力分析实验

工程上很多实际构件的形状和受载情况往往比较复杂。如轧钢机架、汽车底盘、水坝和飞机结构等,关于它们的强度问题,仅依靠理论计算是难以解决其内部应力大小和分布情况的,应力分析实验可以有效地解决工程上的这些问题。其内容包括:电测法、光测法、脆性涂层法、云纹法、声弹法等。目前,这些方法已成为工程中解决实际问题的有力工具。

第三节　材料力学实验的要求

在常温、静载作用下,材料力学实验所涉及的物理量主要是作用在试件上的载荷和试件的变形。实验时往往需要测量力和变形量,因此需要 3~4 人共同协作完成实验。

一、做好实验课前的预习及准备工作

实验前应认真预习课本,明确实验目的、实验原理和实验步骤;设计记录表格,用于记录原始数据;选择试件,估计最大载荷,确定加载方案;了解所需要使用的仪器和仪表的构造、工作原理和操作方法。

二、实验的进行

根据实验步骤进行实验操作,实验过程中认真观察实验现象并同步记录实验数据。另外,材料力学实验所用的设备一般较大,完成一次实验往往需要数人相互协调配合。实验小组人员应分工明确,相互协作,一般分工如下:

1. 记录者 1 人。记录者是实验的总指挥,不仅要记录数据,而且要及时地分析数据的好坏,以确保实验的正确性和完整性。

2. 测量变形者 1 人。测量变形者应了解仪表的性能及参数,熟悉操作规程,掌握读数方法,以确保数据的正确性。

3. 试验机操作者 1~2 人。试验机操作者应了解试验机的性能,熟悉操作规程和注意事项。

实验结束时,要检查数据是否齐全、准确,并交于实验指导老师,得到认可后,断开电源、清理设备、整理仪器和用具,得到指导教师允许后才能离开实验室。

三、实验报告的书写

实验报告是实验者最后交出的成果,是实验资料的分析结论,应严肃认真地完成实验报告,其内容应包括:

1. 实验项目名称、日期、同组人员姓名。

2. 实验目的。

3. 实验设备:名称、型号和精度等。

4. 实验数据:将测得的实验数据填入对应的实验报告数据记录表中。

5. 实验数据处理:

(1) 测量中的有效数字。实验测量中,由于使用的仪器、仪表和量具的最小分度值随仪器、仪表和量具的精度的不同而不同,所以在测量时除直接从标尺上读出可靠的刻度值外,还需要尽可能地估读出最小刻度值以下的一位估读值。这种由测量得到的可靠数字和末位的估读数字所组成的数字称为有效数字。例如,用米尺、游标卡尺、千分尺测量一试件直径,其读数见表 1.1。

表 1.1　不同量具读数的有效数字

量具	精度(mm)	读数(mm)	有效数字位数
米尺	1	9.8	2
游标卡尺	0.02	9.84	3
千分尺	0.001	9.842	4

由表 1.1 可知,有效数字的位数取决于仪器、仪表和量具的精度,不能随意增减。

(2) 四舍六入五单双修约规。当有效数字以后的第一位数为 4 或 4 以下的数时,舍去;为 6 或 6 以上的数时,进 1;为 5 时,若有效数字的末位是单数则进 1,是双数则舍去。

(3) 四舍六入五考虑修约规。有效数字以后的第一位数为 5,且 5 以后非零则进 1,5 以后皆为零,且有效数的末位为偶数则舍去;若 5 以后皆为零,但有效数的末位为奇数,则进 1。

(4) 有效数字的计算法则:① 几个数相加(或相减)时,其和(或差)在小数点后面保留的位数与几个数中小数点后面最少的那个相同;② 几个数相乘(或相除)时,其积(或商)的有效数字与几个数中位数最少的相同;③ 常数以及无理数参与计算,不影响结果有效数字的位数,该无理数的位数只需取与有效数字最少的位数相同即可;④ 求 4 个数或 4 个数以上的平均值时,所得的有效位数要增加一位。

6. 实验结果的表示:在实验中除需对测得的数据进行整理并计算实验结果外,一般还要采用图表或曲线来表示实验结果。实验曲线应绘制在坐标纸上,图中应注明横纵坐标分别代表的物理量和比例尺。实验测得的数据点应当用记号来表示,例如"•""×"或"△"等。当连接各数据点为直线时,需要根据最小二乘法进行直线拟合;当连接各数据点为曲线时,不要用直线逐点连成折线,应当根据多数坐标点的位置,绘制成光滑的曲线。

　7. 实验结果分析:在实验报告的最后,应对实验结果进行分析,并进行记录。

第二章

材料的力学性能测定

第一节　WDW‒100型微机控制电子万能试验机

WDW‒100型微机控制电子万能试验机是一种多功能、高精度的新型机电一体化静态试验机。它主要由两部分系统组成：计算机系统和板卡式数字测量控制系统。它能自动、精确地控制和测量实验力、位移和变形等试验参数，主要用于测定材料的力学性能，例如：金属和非金属材料的拉伸、压缩、弯曲、剪切等实验。实验时，计算机屏幕绘制出相应的曲线图，并计算出相应的实验结果。

WDW‒100型微机控制电子万能试验机结构图如图2.1所示。

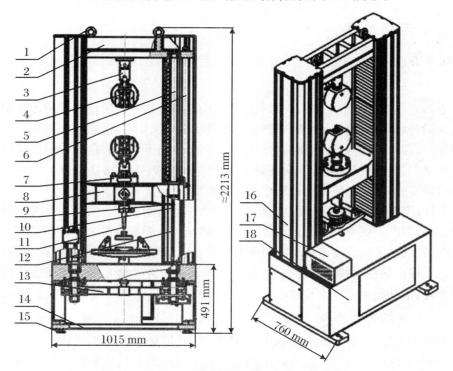

图2.1　WDW‒100型微机控制电子万能试验机

WDW‒100型微机控制电子万能试验机各部件名称如表2.1所示。

表 2.1　WDW‑100 型微机控制电子万能试验机各部件名称

编号	名　称	编号	名　称
1	吊环螺钉	10	限位杆
2	上横梁	11	三点弯曲试台(各种附具)
3	万向联轴节	12	限位环
4	拉伸夹具(各种附具)	13	减速装置
5	滚珠丝杠副	14	底框
6	立柱	15	调整螺钉
7	负荷传感器	16	围板
8	活动横梁	17	电机防尘罩
9	限位挡杆	18	配电箱

一、工作原理

电子万能试验机主要由主机和微机测控系统两部分组成。

（一）主机

由四立支撑横梁和底座构成门式框架结构。两丝杠穿过活动横梁两端并安装在上横梁与底座上，机械传动减速器固定在底座中。工作时，伺服电机驱动机械传动减速器，带动丝杠传动，活动横梁便可水平向上或向下移动。负荷传感器安装在活动横梁上，与下夹具连接，万向联轴节与上夹具连接，在活动横梁的上部空间可进行拉伸实验，下部空间可进行压缩或弯曲实验。

另外，安装试件时，可以通过操作手动盒来移动活动横梁。手动盒上有"上行""下行""STOP"按钮和无级调速旋钮，顺时针转动无级调速旋钮时增加横梁移动速度，逆时针转动无级调速旋钮时减小横梁移动速度。当按"上行"或"下行"按钮时，默认活动横梁的初始移动速度为零，这时需手动顺时针转动无级调速旋钮使活动横梁加速，活动横梁才开始移动。

（二）微机测控系统

微机中安装有"TestExpert"实验软件系统，利用微机中的实验软件可以完成各种功能的实验。对位移、载荷和变形等实验参数的测量与试验机活动横梁位移控制是同步进行的，可以随时监测、记录这些实验参数，并在微机显示屏上绘出相应的测试曲线。

1. 软件主界面。主窗体分三页，分别为实验操作页、方法定义页和数据处理页，如图 2.2 所示。

操作按钮组   输入表

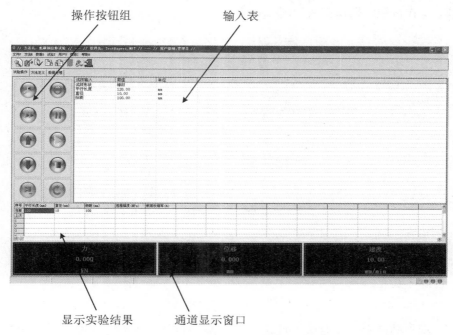

显示实验结果   通道显示窗口

图 2.2　软件主界面

2. 工具条。工具条在不同的状态下功能是不一样的,图 2.3(a)的工具条是打开实验操作页和方法定义页时出现的界面,图 2.3(b)是进入数据处理页时出现的界面,功能如图 2.3 所描述。

方法查询   保存方法   导出方法   用户登录

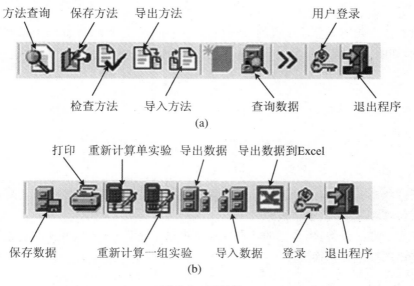

检查方法   导入方法   查询数据   退出程序

(a)

打印   重新计算单实验   导出数据   导出数据到Excel

保存数据   重新计算一组实验   导入数据   登录   退出程序

(b)

图 2.3　工具条

3. 操作按钮。操作按钮如图 2.4 所示。

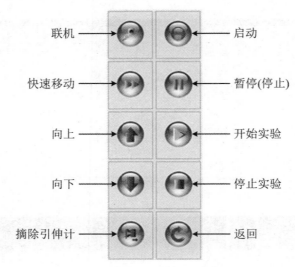

图 2.4　操作按钮

4. 通道和状态条。通道实时显示力、位移、速度、变形和时间等数据,如图 2.5 所示。

图 2.5　通道

状态条主要用于显示主机的各种状态,在不同的状态下,图标的形状和颜色是不同的,如图 2.6 所示。

图 2.6　状态条

限位状态有两种:一种是横梁的限位开关被触发了,另一种是软件设置的各通道(力、位移和变形)软限位被触发了。

有离合器的设备,离合器的状态也在这里显示,离合器的高低速状态也可以通过点击该图标进行切换。

二、操作步骤

（一）新建实验

1. 在计算机桌面双击"TestExpert. NET"图标（图 2.7），启动实验软件，或在 Windows 的开始菜单中点击"开始"—"程序"—"TestExpert. NET"。

图 2.7　"TestExpert. NET"图标

2. 软件启动界面显示实验软件名称、当前版本号及单位名称等信息，如图 2.8 所示。

图 2.8　软件基本信息

3. 选择登录用户名，输入密码，登录软件，如图 2.9 所示。成功登录后进入软件主界面。

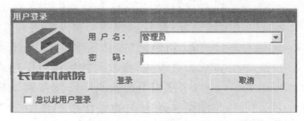

图 2.9　登录界面

4. 点击软件主界面左侧"联机"按钮，不同的控制器联机等待的时间不同，联机成功后,各个通道显示实时数据,否则会给出一些错误信息。"联机"按钮如图 2.10所示。

5. 点击"启动"按钮(图2.11)。启动前按钮呈现灰色;启动成功后,按钮呈现亮绿色。此时操作按钮呈现高亮可用状态。软件主界面如图2.12所示。

图 2.10 "联机"按钮

图 2.11 "启动"按钮

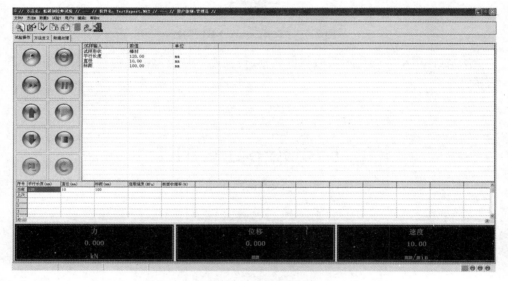

图 2.12 软件主界面

图 2.13 文件列表

6. 读出实验方法。一种是从"方法"主菜单下面的最近文件列表中选择,如图2.13所示;另一种是点击该菜单下"查询"选项,进入方法查询界面,如图2.14所示,使用简单查询或复合查询在数据库中查询已经设置好的实验方法,用鼠标双击该方法即可打开。(注:此处以拉伸实验方法为例。)

7. 切换到"方法定义"页,检查当前打开的实验方法参数设置,修改参数后进行保存或者另存。

8. 使用手控盒或操作按钮移动横梁,安装试样。与横梁移动有关的操作按钮如图2.15所示:以绝对零点位置为参考,快速移动到指定位置,如图2.15(a)所示;控制横梁上升按钮,如图2.15(b)所示;控制横梁下降按钮,如图2.15(c)所示;非实验状态控制横梁停止,实验状态控制实验暂停按钮,如图 2.15(d)所示;非实验状态控制横梁停止,实验状态控制实验结束按钮,如图 2.15(e)所示。

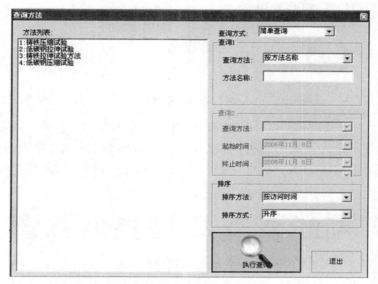

图 2.14 查询界面

(a)   (b)   (c)   (d)   (e)

图 2.15 与横梁移动有关的操作按钮

9. 各通道清零。软件可以设置自动清零或者手动清零,在各通道的显示表头上单击鼠标右键,弹出一个快捷菜单,点击"清零"按钮即可对位移通道进行清零,如图 2.16 所示。

图 2.16 各通道清零

10. 点击"开始"按钮开始实验,如图 2.17 所示。注意:如果无意中启动了一个没夹试样的实验,或实验过程中出现异常,可以点击图 2.18 所示的按钮,强制结束实验。

11. 软件检测到试样断裂,会自动结束本次实验,提示输入实验名,输入后数据将被存入数据库。如果方法设置不自动检测断裂,则需要手动结束实验,点击图 2.18 所示的按钮。至此,一个新建实验就全部结束了。

12. 如果做非金属实验,希望在卸除试样后让横梁返回到实验前的位置,则需要在方法中激活横梁返回功能,结束实验后可以点击"返回"按钮,横梁将自动移动到实验前初始位置,如图 2.19 所示。

图2.17　开始按钮　　　　图2.18　结束按钮　　　　图2.19　返回按钮

13. 如果继续做其他试样的实验,请返回步骤8,在第11步结束实验时,程序将不再提示输入实验名,而是直接存储到上次实验名称里,作为一组实验数据。如果要存储新的实验名称,则需在实验前点击"新建实验"快捷按钮,如图2.20所示。

图 2.20　新建实验

14. 完成一组实验后,可以进入数据处理界面查看数据、实验结果和统计值,还可以分析实验结果,打印输出。

第二节　RNJ - 500 型微机控制电子扭转试验机

一、RNJ - 500 型微机控制电子扭转试验机工作原理

RNJ - 500 型微机控制电子扭转试验机以微型计算机作为控制机,采用先进的电子式传感装置,利用伺服电机施加扭矩,可进行实验参数设置、工作状态控制、数据采集、处理分析、显示和打印实验报告等。

该机配有实验专用软件,可根据国际标准、国家标准或用户提供的标准进行测量和判断各种材料的力学性能。

RNJ - 500 型微机控制电子扭转试验机主要由加载系统、电子控制系统和微机控制系统等部分组成。外形结构如图 2.21 所示。

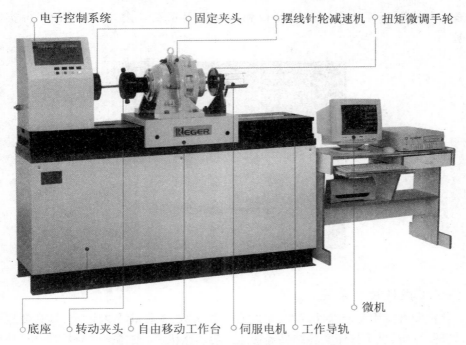

电子控制系统　　　　固定夹头　　摆线针轮减速机　扭矩微调手轮

底座　　转动夹头　　自由移动工作台　　伺服电机　工作导轨　　微机

图 2.21　RNJ－500 型微机控制扭转试验机

（一）加载系统

施加扭矩采用的是交流伺服电机。被测试件安装在固定夹头和转动夹头之间。固定夹头安装在机座上固定不动,它的一端装有扭矩传感器。转动夹头安装有扭转角传感器并固定在减速机的连轴器上,减速机与伺服电机的轴相连。实验时,由电子控制系统(或微机控制系统)发出指令,驱动伺服电机转动,通过减速机减速后带动活动夹头转动,进而对扭转试件施加扭矩。

（二）电子控制系统

电子控制系统如图 2.22 所示。该系统以单片机为核心,自身带有显示窗口和控制键盘,可脱离微机系统独立操作并显示扭矩值、扭转角值和扭转角速度。另外,本机控制系统电路上采用了 EPROM 作为配置的保存载体,可通过键盘对设定参数进行修改,确保在长期不开机时所设定的实验参数不会丢失。系统配有标准 RS232c 串行通信接口。采用微机控制时,配置全中文用户界面软件,既可自动进行数据的采集处理,打印实验报告和扭矩-转角曲线图,在实验运行过程中动态显示扭矩值、转角值、扭转角速度和扭矩-转角曲线,又可进行软件标定,并具有超载保护功能。

在实验过程中,由安装在夹头上的扭矩传感器和扭转角传感器分别将试件所受到的扭矩和扭转角值转换为电信号,电子控制系统(或微机控制系统)对该电信号进行采集,并对采集到的数据进行放大及 A/D 转换等各种处理后,把结果显示在控制面板的扭矩显示窗口和扭转角显示窗口上,供使用者获得实验数据。

图 2.22　电子控制系统

（三）微机控制系统

该机配有专用实验软件,可以完成对实验参数、工作状态的设定,具有数据采集、处理、分析、显示打印实验结果等功能。启动微机后,按"微机控制扭转机"快捷键,进入微机控制系统。该控制系统工作区界面如图 2.23 所示。

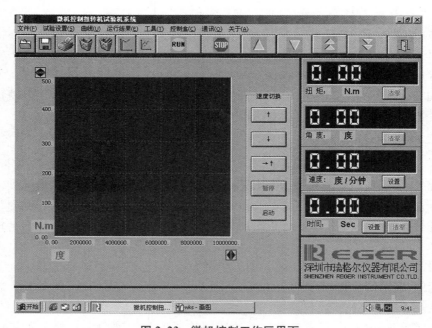

图 2.23　微机控制工作区界面

控制系统工作区主要由主菜单和实验状态显示区等部分组成。

进入控制系统工作区界面后,首先要进入"通讯"菜单,选择"联机"功能,实现与计算机联机操作,与计算机联机成功后,电子控制系统中的"扭矩显示窗口"显示"PC"字样,此时屏蔽电子控制系统中所有操作和显示功能,控制权交给计算机控制。

主工作区界面的实验状态显示内容包括:

1. 曲线显示:用于显示实验曲线。
2. 扭矩显示:用于显示扭矩值。
3. 角度显示:用于显示变形角度值。
4. 速度显示:用于显示当前系统加载速度。
5. 时间显示:用于显示实验进行时间。

通过控制系统的主菜单,可对各种实验参数进行设置。主要参数设置内容包括:

1. 软件参数设置:用于确定扭矩监控条件、角度切换条件、扭矩切换条件等。
2. 环境参数设置:用于打印实验报告的表头。
3. 运行参数设置:用于设置实验速度、试样尺寸(直径)等相关信息。
4. 结果显示:按要求选择要输出的数据,如最大扭矩、抗扭强度等指标,显示或打印实验报告。

二、基本操作步骤

(一)电子控制系统

参见图 2.22。

1. 扭矩电路调零:按 F1 键后,再按"扭矩清零"按钮,重复 2～3 次。
2. 选择扭矩量程:按"扭矩量程"按钮确定。选择原则:试样的理论最大扭矩值为所选挡位的 70% 左右。
3. 设置实验速度:按数字键 6 + 数据参数 + 数字键输入所需速度值 + Enter 键,确定第一速度;按数字键 5 + 数据参数 + 数字键输入所需速度值 + Enter 键,确定第二速度。
4. 按要求把试件安装在两夹头之间;按"机械调零"按钮(该按钮弹起),并用手旋转微调手轮,使扭矩显示窗口显示值接近零;然后再按一下"机械调零"按钮。
5. 按"扭角清零"按钮,设定初始扭矩值为零,使扭转角显示窗口为零。
6. 按"运行"按钮,实验开始。
7. 根据需要可在运行当中重新改变运行速度。
8. 实验结束,在扭矩显示窗口显示实验结果。实验结果显示方法:
(1) 按数字键 1 + "结果显示"按钮,"载荷显示窗口"显示最大扭矩值;
(2) 按数字键 4 + "结果显示"按钮,"载荷显示窗口"显示屈服扭矩值。

（二）微机控制系统操作步骤

参见图 2.23。

1. 系统联机：启动微机系统后进入微机控制软件系统主控区界面。在主菜单中选择"通讯"并选择"联机"。此时电子控制系统中的"扭矩显示窗口"显示"PC"字样。

2. 在扭矩显示区按"清零"按钮，使扭矩显示为零。

3. 在速度显示区设定加载速度，用于显示当前系统加载速度。

4. 进入环境参数设置，设定实验报告的表头。例如：班级、实验日期等参数。

5. 进入运行参数设置，设置实验速度；试样尺寸（直径）坐标比例等相关信息。

6. 按要求把试件安装在两夹头之间；按"机械调零"按钮（该按钮弹起），并用手旋转微调手轮，使扭矩显示值接近为零；然后点击扭矩"清零"。

7. 在角度显示区点击角度"清零"，使角度显示为零。

8. 点击"RUN"按钮，实验开始。实验过程中，操作者可在屏幕上观察到当前的实验曲线图、扭矩值和扭角值等。并可根据需要调整加载的速度，直到实验结束。

9. 结果显示：进入选择数据界面，选择要输出的数据，如最大扭矩、抗扭强度等指标，记录实验数据，打印实验报告。

10. 实验结束，关机顺序为先关控制器电源，后关主机电源；开机时则相反。

（三）注意事项

1. 实验操作者应在实验开始前认真阅读试验机的操作流程，并熟练掌握试验机的基本操作方法。

2. 实验前应设计周密的实验方案，如加载速度、量程选择、记录方式等。

3. 试验机运行时，应将鼠标停留在软件主界面的"STOP"按钮上，如发现异常现象，应立即按下"STOP"按钮以停机。

三、实验步骤

1. 接通计算机和扭转试验机电源。

2. 双击计算机桌面上的"扭转试验机"图标，进入本软件系统。

3. 点击菜单栏中"通讯"，选择"联机"。此时电子控制系统中的"扭矩窗口"显示"PC"。

4. 点击菜单栏中"文件"—"新的实验"。

5. 点击菜单栏中的"实验设置"。设置"环境参数"（班级、试验日期、试验员等），如图 2.24 所示；点击"下一步"，设置"运行参数"（试验速度、试样号等），如图 2.25 所示。

图 2.24　环境参数

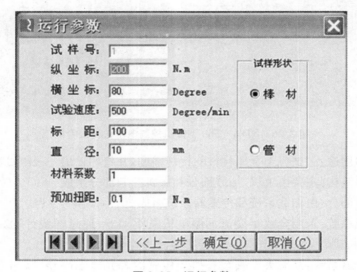

图 2.25　运行参数

6．装夹试件。先将试样一端装在固定夹头，然后点击"快正转"或"快反转"来调整转动夹头的位置。

7．点击扭矩清零键和角度清零键。

8．点击"RUN"按钮，实验开始。实验过程中可在屏幕上观察实验曲线图、扭矩值和扭角值，并可根据需要调整运行速度。实验过程中请勿远离试验机，万一发生紧急情况，请按下急停开关。

9．软件检测到试件断裂，会自动结束本次实验，打印实验报告。

10．实验结束后，关机、断电。

第三节　NDW－500型微机控制电子扭转试验机

一、主要结构

NDW－500型微机控制电子扭转试验机外形如图2.26所示。

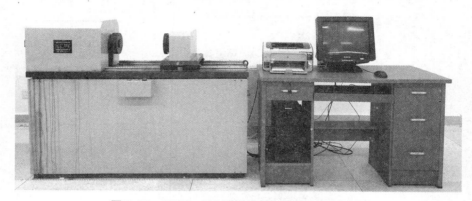

图2.26　NDW－500型微机控制电子扭转试验机

1. 主要用途:测试各类金属材料的扭转强度,并打印输出记录测试数据。
2. 主要结构:主要由主机/加载部分和微机控制部分组成。
3. 主机部分:由加载系统和传感器系统组成。
4. 加载系统:采用全数字交流伺服电机及驱动器,通过摆线计轮减速器传至旋转夹头进行旋转,实现对试样的扭转实验。
5. 传感器系统:在夹头上安装有扭矩传感器和光电编码器,以测定试件所受扭矩的大小和两夹头之间转动的扭转角,并将其转换成电信号传给计算机控制系统。
6. 微机控制系统:计算机系统安装有测试软件"Smart Test",由控制软件系统控制主机的加载系统对试件进行加载,对传感器系统传送的信号进行分析计算,并显示、打印输出的结果。

控制软件"Smart Test"的工作区界面如图2.27所示。

工作区界面是程序控制中心,负责管理各个功能窗口,并显示试样的基本信息和试验控制状态信息。主窗口由菜单显示板、扭矩、扭角显示板、转角显示板、曲线显示板、数据显示板、分析显示板等板块组成。使用者可根据各面板的功能按钮完成各种实验操作。

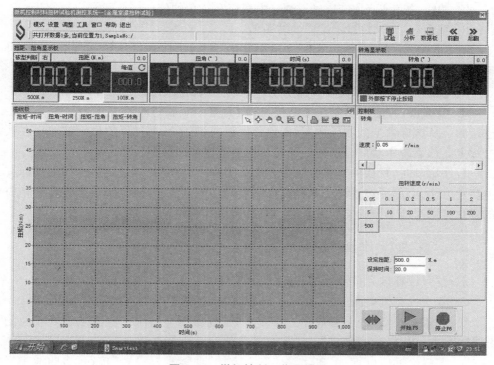

图 2.27　微机控制工作区界面

各板块基本功能如下：

1. 菜单显示板：主要负责系统管理工作，下设模式、设置、调整、工具、实验、分析和数据板等菜单项，如图 2.28 所示。

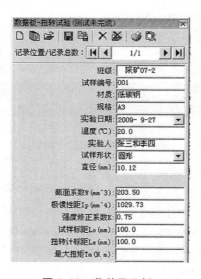

图 2.28　菜单显示板

2. 扭矩、扭角显示窗口：显示测量中扭矩和扭角的值。

3. 扭角显示窗口：显示试样的转角值。

4. 曲线显示窗口：用以实时显示实验曲线图，可以显示扭矩-时间、转角-时间、扭矩-扭角、扭矩-转角等曲线图。

5. 控制板：设定加载速度、调整主机活动夹头位置、控制实验开始和停止。

6. 数据板：数据是整个系统的核心，因为整个实验过程都是围绕数据为中心进行的。从试样数据到测试数据，再到分析数据，整个数据过程的显示都体现在数据板上。从系统主菜单显示板中的工具栏上可以调出数据板。

程序启动时，默认的实验方法为上次关闭程序时调用的实验方法，如果选择其他实验方法，必须通过系统工具栏选择相应的实验方法。选择后，数据板会有相应的变化。即对应不同的实验方法，数据板的显示内容是不同的。

二、基本操作规程

1. 打开计算机、扭转试验机电源。

2. 双击计算机桌面上的"Smart Test"图标，进入本软件系统。

3. 设置实验参数：点击软件主界面上的"数据板"，按照实验要求输入相应的参数和数据，并按"保存数据"按钮保存实验前设定的参数值。

4. 曲线坐标值设置：按"曲线板"右上方的"曲线坐标设置"按钮，将曲线坐标值设置到合适的值。

5. 安装试件：移动活动夹具，进行装夹试件。如果试件两端的角度不相对而无法装夹，请按下控制柜上右侧的"左转"或"右转"按钮（此按钮为点动方式）进行调整；也可以从计算机上点击手动控制，在界面上选择旋转速度，然后点击界面上显示的正转（左转）、反转（右转）进行调整。

6. 显示窗口清零：将显示窗口的值一律清零，如图 2.29 所示。

图 2.29　各通道显示窗口

7. 实验开始：打开"控制板"图标，显示控制板截面，如图 2.30 所示。将加载速度调整到合适的值（一般设定为 50）。点击"控制板"的"开始"按钮。实验开始后在曲线板上就能显示出相应的曲线图，各显示窗口显示出相应的参数。

8. 若软件检测到试件断裂，会自动结束本次实验。实验结束后"数据板"就会立即显示出所需数据，点击"保存"按钮进行数据保存。

9. 打印实验报告：在实验完成后，可根据需要打印实验报告，点击"数据板"中的"打印机"图标,进入实验数据打印窗口,打开相应的打印模板文件名或者新建一个打印模板文件,再按照提示信息操作,即可打印出实验报告。

10. 实验结束:关闭试验机主机电源,关闭计算机。

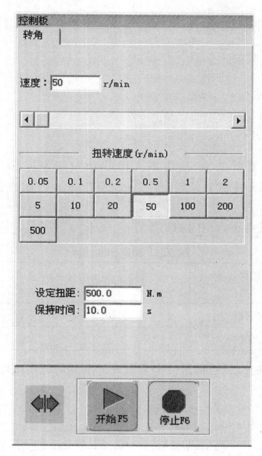

图 2.30 控制板

第四节 金属材料的拉伸实验

一、实验目的

1. 测定低碳钢拉伸时的强度指标(屈服极限 σ_s 和强度极限 σ_b)和塑性指标(断后延伸率 δ 和断面收缩率 ψ)。

2. 测定铸铁拉伸时的强度极限 σ_b。

3. 观察拉伸过程中的实验现象，并绘制拉伸图。

4. 比较低碳钢(塑性材料)与铸铁(脆性材料)机械性能的特点。

二、实验设备及量具

1. 电子万能试验机。

2. 游标卡尺。

3. 直尺。

三、实验试件

为了便于比较实验结果，按中华人民共和国国家标准《金属拉伸试验法》(GB/T 228.2—2015)中的有关规定，实验材料要按上述标准做成比例试件，如表2.2所示。其中：① L_0：试件的初始计算长度(即试件的标距)；② A_0：试件的初始截面面积；③ d_0：试件在标距内的初始直径。

表 2.2　国家标准试件

截面形状　　试件长度	长试件	短试件
圆形截面试件	$L_0 = 10d_0$	$L_0 = 5d_0$
矩形截面试件	$L_0 = 11.3\sqrt{A_0}$	$L_0 = 5.6\sqrt{A_0}$

实验室里使用的金属拉伸试件通常制成标准圆形截面试件，如图2.31所示。

图 2.31　圆形截面拉伸试件

四、实验原理

用电子万能试验机对拉伸试件加载。实验时，利用电子万能试验机的软件测控系统对实验进行操作，从计算机显示器上可观察到试件拉伸的整个过程。

金属材料在拉伸时的力学性能，即材料的机械性能，可以通过以拉伸力 P 为纵坐标，试件伸长 ΔL 为横坐标的拉伸图来表示。

（一）低碳钢拉伸实验

塑性金属材料-低碳钢的拉伸曲线图如图 2.32（a）所示。由曲线可知，OA 段是一条斜直线，说明 P 正比于 ΔL，此阶段称为弹性阶段。屈服阶段（BC 段）呈现锯齿状，表示载荷基本不变，变形增加很快，材料失去抵抗变形的能力。在屈服阶段有两个屈服点，B' 为上屈服点，它受变形大小和试件因素等影响；B 为下屈服点，下屈服点比较稳定，所以在工程上均以下屈服点对应的载荷作为屈服载荷。过了屈服阶段，继续加载，曲线达到 D 点，力达到最大载荷值 P_b，工程中 P_b 即为强度极限 σ_b 所对应的载荷。过了 D 点，拉伸曲线开始下降，这时可观察到试件某一截面附近发生局部变形，即颈缩现象，直到 E 点试件断裂。试件断裂的两面各呈凹凸状。

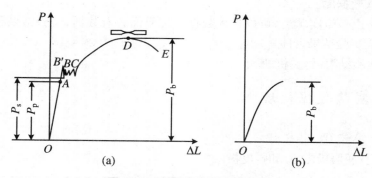

图 2.32　金属试件拉伸曲线图

（二）铸铁拉伸实验

脆性金属材料-铸铁的拉伸曲线图如图 2.32（b）所示。对于铸铁，由于拉伸时塑性变形极小，因此在变形（主要是弹性变形）很小时，就因达到最大载荷而突然断裂，没有屈服和颈缩现象，只有强化阶段，断裂时的载荷 P_b 即为强度极限 σ_b 所对应的载荷。

五、实验步骤

1. 打开计算机、试验机电源。
2. 在计算机桌面双击"TestExpert. NET"图标，启动实验软件。
3. 选择登录用户名，输入密码登录软件，进入软件主界面。
4. 点击"联机"按钮。
5. 点击"启动"按钮，这时按钮由灰暗变明亮。
6. 安装试件：首先将试件一端的夹持端放入上夹具中夹紧，然后将下夹具夹口松开，通过手动盒移动活动横梁至合适的位置，将试件的另一夹持端夹入下夹具中夹紧，试件安装完毕。（注意：为了安全起见，活动横梁在"上行"或"下行"时要控制好移动速度。)

7. 点击"方法 M",从下拉菜单中选择实验名称,用鼠标双击即可打开。

8. 切换到"方法定义"页,检查当前打开的实验方法参数设置,修改编辑打印文档,然后进行保存或另存。

9. 切换到"实验操作"页。

10. 各通道清零:软件可以设置自动清零或手动清零,手动清零在各通道显示表头上单击鼠标右键,弹出一个快捷菜单,点击"清零"即可。

11. 点击"开始实验"按钮开始实验。在仪器正常运行时,请注意人身安全,实验过程中请勿远离试验机,万一发生紧急情况,请按下急停开关。

12. 软件检测到试件断裂,会自动结束本次实验,提示输入实验名,输入后数据将被存入数据库。

13. 完成一组实验后,可以进入数据处理界面查看数据、实验结果和统计值,还可以分析实验结果,打印输出。

14. 实验结束后,关机、断电。

六、实验数据处理

(一) 低碳钢

1. 计算屈服极限 σ_s 和强度极限 σ_b:

屈服极限 σ_s	$\sigma_s = \dfrac{P_s}{A_0} =$ （MPa)
强度极限 σ_b	$\sigma_b = \dfrac{P_b}{A_0} =$ （MPa)

2. 计算断后延伸率 δ 和断面收缩率 ψ:

断后延伸率 δ	$\delta = \dfrac{L_1 - L_0}{L_0} \times 100\% =$ %
断面收缩率 ψ	$\psi = \dfrac{A_0 - A_1}{A_0} \times 100\% =$ %

(二) 铸铁

计算强度极限 σ_b:

强度极限 σ_b	$\sigma_b = \dfrac{P_b}{A_0} =$ （MPa)

第五节 金属材料的压缩实验

一、实验目的

1. 测定压缩时低碳钢的屈服极限 σ_s 和铸铁的强度极限 σ_b。
2. 观察低碳钢和铸铁压缩时的变形和破坏现象，并进行比较。

二、实验仪器和量具

1. 电子万能试验机。
2. 游标卡尺。

三、实验试件

低碳钢和铸铁等金属材料的压缩试件一般制成圆柱形，为了对比不同材料在相同实验条件下的抗压性能。国家标准对压缩试件的高度 h_0 和直径 d_0 的比值做了规定：$1 \leqslant h_0/d_0 \leqslant 3$。当试件承受压缩时，试件上下两面与试验机上下压盘之间产生很大的摩擦力，若 $h_0/d_0 \leqslant 1$，摩擦力将阻碍试件上部和下部的横向变形，导致测得的抗压强度比实际值偏高；若 $h_0/d_0 \geqslant 3$，摩擦力对试件的横向变形影响将有所减小，但是对试件的稳定性影响大大增加。为了减小摩擦力对试件的影响、避免试件由于稳定性不高而发生弯曲，金属材料的压缩试件的尺寸一般规定为：$1 \leqslant h_0/d_0 \leqslant 3$。

金属压缩试件如图 2.33 所示。

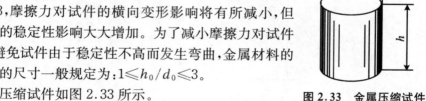

图 2.33 金属压缩试件

四、实验原理

压缩实验是在电子万能试验机上进行的。为了尽量使试件承受轴向压力，试件两端面必须完全平行，并且与试件轴线垂直。

（一）低碳钢压缩实验

低碳钢压缩曲线如图 2.34 所示。当载荷超过比例载荷 P_p 后，开始出现变形增长较快的一小段，表明试件进入屈服阶段，载荷达到屈服载荷 P_s。低碳钢压缩实验的屈服现象没有拉伸实验时那么明显，所以在确定屈服载荷 P_s 时，要仔细观察。

屈服阶段之后，曲线继续上升，这是由于塑性变形迅速增长，内部晶体结构重新进行排列,试件横截面面积也随之增大,相应地能承受更大的载荷,试件被压成腰鼓状,最终压制成饼状而不破裂,所以无法测出最大载荷。低碳钢试件最后被压成鼓形而不破裂,所以无法求出最大载荷及强度极限。

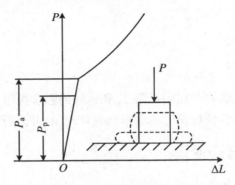

图 2.34　低碳钢压缩曲线图

(二)铸铁压缩实验

铸铁压缩曲线如图 2.35 所示。铸铁试件压缩时,在达到最大载荷 F_b 之前,将会出现较为明显的变形,当载荷达到最大载荷 F_b 时试件发生破裂。铸铁试件破裂表面与试件轴线呈 45°左右倾斜,破坏主要是由切应力引起的。

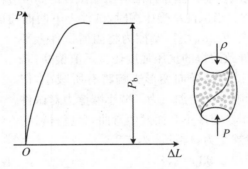

图 2.35　铸铁压缩曲线图

五、实验步骤

1. 打开计算机、试验机电源。

2. 在计算机桌面双击"TestExpert.NET"图标,启动实验软件。

3. 选择登录用户名,输入密码登录软件,进入软件主界面。

4. 点击"联机"按钮。

5. 点击"启动"按钮,这时按钮由灰暗变明亮。

6. 安装试件:首先将试件水平放置在压置盘的正中间位置,然后通过手动盒移动活动横梁至上压盘与试件上端之间的距离为 1~2 mm,试件安装完毕。(注意：为了安全起见，活动横梁在"上行"或"下行"时要控制好移动速度。）

7. 点击"方法 M"，从下拉菜单中选择实验名称，用鼠标双击即可打开。

8. 切换到"方法定义"页，检查当前打开的实验方法参数设置，修改编辑打印文档，然后进行保存或另存。

9. 切换到"实验操作"页。

10. 各通道清零：软件可以设置自动清零或手动清零，手动清零在各通道显示表头上单击鼠标右键，弹出一个快捷菜单，点击清零即可。

11. 点击"开始实验"按钮开始实验。在仪器正常运行时，请注意人身安全，实验过程中请勿远离试验机，万一发生紧急情况，请按下急停开关。

12. 根据提示输入实验名，输入后数据将被存入数据库。若是进行低碳钢压缩实验，当软件检测到压缩力达到 60 kN（参数设置的力，也可以设置为其他力）时，会自动结束本次实验；若是进行铸铁压缩实验，当软件监测到试件断裂，会自动结束本次实验。

13. 完成一组实验后，可以进入数据处理界面查看数据、实验结果和统计值，还可以分析实验结果，打印输出。

14. 实验结束后，关机、断电。

六、实验数据处理

（一）低碳钢

计算屈服极限 σ_s：

屈服极限 σ_s	$\sigma_s = \dfrac{P_s}{A_0} =$ 　　　　（MPa）

（二）铸铁

计算强度极限 σ_b：

强度极限 σ_b	$\sigma_b = \dfrac{P_b}{A_0} =$ 　　　　（MPa）

第六节　金属材料的扭转实验

一、实验目的

1. 测定低碳钢的剪切屈服极限 τ_s 和剪切强度极限 τ_b。

2. 测定铸铁的剪切强度极限 τ_b。

3. 观察低碳钢和铸铁扭转时的变形现象和破坏形式。

二、实验仪器和量具

1. 扭转试验机。

2. 游标卡尺。

三、实验试件

按照国家标准《金属材料室温扭转试验方法》(GB/T 10128 — 2007)的规定,采用圆柱形截面的试件进行扭转实验,可以测出金属材料在室温受扭时的力学性能。

金属扭转试件如图 2.36 所示。

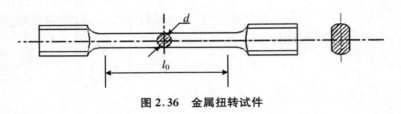

图 2.36　金属扭转试件

四、实验原理

圆柱形试件在扭转时,试件表面应力状态如图 2.37 所示,横截面上沿直径方向的切应力和切应变如图 2.37(b)(c)所示。

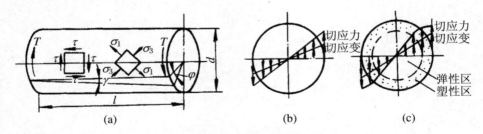

图 2.37　试件表面、横截面应力状态图

其最大切应力和正应力绝对值相等,夹角为 45°。因此,根据试件断裂方式可以明显区别是由切应力引起的破坏还是由正应力引起的破坏。若断面与试件轴线垂直,断口齐平,有回旋状塑性变形痕迹,这是切应力作用下的破坏,塑性材料常见这种断口。若断面与试件轴线呈 45°螺旋状或斜形状,这是正应力作用下的破坏,脆性材料常见这种断口。

扭转实验就是将标准试件安装在扭转试验机上,沿试件的轴线方向施加扭矩,直至试件破坏。由扭转试验机测定出相应的扭矩值和转角值,并绘出扭矩-转角曲线图,即 T-φ 曲线图。通过对测量数据进行分析和计算,从而测试出材料受扭时的力学性能指标。

（一）低碳钢扭转试验

低碳钢试件的 T-φ 曲线,如图 2.38 所示。

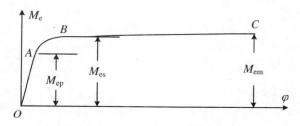

图 2.38　低碳钢扭转曲线图

图中起始直线段 OA 表明试件在这阶段中的 M_n 与 φ 成比例,截面上的切应力呈线性分布,如图 2.39(a)。此时横截面周边上的切应力达到了材料的剪切屈服极限 τ_s,相应的扭矩记为 M_p。由于这时横截面内部的切应力小于 τ_s,故试件仍具有承载能力,M_n-φ 曲线呈继续上升趋势。扭矩超过 M_p 后,截面上的切应力分布不再是线性的,如图 2.39(b)所示。在横截面上出现了一个环状塑性区,并随着 T 的增长,塑性区逐步向中心扩展,M_n-φ 曲线稍微上升,直至 B 点趋于平坦,截面上各点材料完全达到屈服。如图 2.39(c)所示。

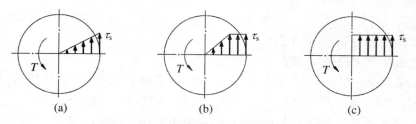

图 2.39　低碳钢扭转横截面切应力分布

根据静力平衡条件,可以求得 τ_s 与 M_s 的关系为

$$M_s = \int_A \rho \tau_s \, dA \qquad (2.6.1)$$

将式中 $\mathrm{d}A$ 用环状面积元素 $2\pi\rho\mathrm{d}\rho$ 表示,则有

$$M_s = 2\pi\tau_s \int_0^{d/2} \rho^2 \, d\rho = \frac{4}{3}\tau_s W_n \qquad (2.6.2)$$

故剪切屈服极限

$$\tau_s = \frac{3M_s}{4W_n} \qquad\qquad (2.6.3)$$

其中，$W_n = \dfrac{\pi d^3}{16}$ 是试件的抗扭截面模量。

对试件进行持续加载，试件持续变形，材料将进一步得到强化。由图 2.38 可知，当扭矩超过 M_{es} 后，转角 φ 增加很快，而 M_{es} 增加很慢，BC 近似一根不通过坐标原点的直线。在 C 点时，达到最大扭矩 M_b 试件被剪断，与式（2.6.3）相似，可得剪切强度极限

$$\tau_s = \frac{3M_b}{4W_n} \qquad\qquad (2.6.4)$$

（二）铸铁扭转试验

铸铁的 M_n - φ 曲线如图 2.40 所示。

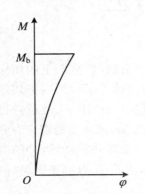

铸铁的 M_n - φ 曲线近似为一条过原点的直线，按近似弹性应力公式，其剪切强度极限

$$\tau_b = \frac{M_b}{W_n} \qquad\qquad (2.6.5)$$

图 2.40　铸铁扭转曲线图

五、实验步骤

（一）RNJ－500 型微机控制电子扭转试验机

1．接通计算机和扭转试验机电源。

2．双击计算机桌面上的"扭转试验机"图标，进入本软件系统。

3．点击菜单栏中"通讯"，选择"联机"。此时电子控制系统中的"扭矩窗口"显示"PC"。

4．点击菜单栏中"文件"—"新的实验"。

5．点击菜单栏中的"实验设置"。设置"环境参数"（班级、试验日期、试验员等），然后点击"下一步"，设置"运行参数"（试验速度、试样号等）。

6．装夹试件。先将试件一端装在固定夹头上，然后点击"快正转"或"快反转"来调整转动夹头的位置。

7．点击扭矩清零键和角度清零键。

8．点击"RUN"按钮，实验开始。实验过程中可在屏幕上观察实验曲线图、扭矩值和扭角值，并根据需要调整运行速度。实验过程中请勿远离试验机，万一发生紧急情况，请按下急停开关。

9．软件检测到试件断裂，会自动结束本次实验，打印实验报告。

10．实验结束后，关机、断电。

（二）NDW－500 型微机控制电子扭转试验机

1. 打开计算机、扭转试验机电源。

2. 双击计算机桌面上的"Smart Test"图标，进入本软件系统。

3. 设置实验参数：点击软件主界面上的"数据板"，按照实验要求输入相应的参数和数据，并按"保存数据"按钮保存实验前设定的参数值。

4. 曲线坐标值设置：按"曲线板"右上方的"曲线坐标设置"按钮，将曲线坐标值设置到合适的值。

5. 安装试件：移动活动夹具，进行装夹试件。若试件两端的角度不相对无法装夹，请按下控制柜上右侧的"左转"或"右转"按钮（此按钮为点动方式）进行调整；也可以从计算机上点击手动控制，在界面上选择旋转速度，然后点击界面上显示的正转（左转）、反转（右转）进行调整。

6. 显示窗口清零：将显示窗口的值一律清零。

7. 实验开始：打开"控制板"图标，显示控制板截面。将加载速度调整到合适的值（一般设定为 50）。按下"控制板"的"开始"按钮。实验开始后在曲线板上就能显示出相应的曲线图，各显示窗口显示出相应的参数。

8. 软件检测到试件断裂，会自动结束本次实验。实验结束后"数据板"就会立即显示出所需数据，点击"保存"按钮进行数据保存。

9. 打印实验报告：当实验完成后，可根据需要打印实验报告，点击"数据板"中的"打印机"图标，进入实验数据打印窗口，打开相应的打印模板文件名或者新建一个打印模板文件，再按照提示信息操作，即可打印出实验报告。

10. 实验结束：关闭试验机主机电源，关闭计算机。

六、实验数据处理

（一）低碳钢

计算剪切屈服极限和剪切强度极限：

剪切屈服极限 τ_s	$\tau_s = \dfrac{3M_s}{4W_n} =$　　　　（MPa）
剪切强度极限 τ_b	$\tau_b = \dfrac{3M_b}{4W_n} =$　　　　（MPa）

（二）铸铁

计算剪切强度极限：

剪切强度极限 τ_b	$\tau_b = \dfrac{3M_s}{4W_n} =$　　　　（MPa）

第三章

电测应力分析

第一节 概　述

电测应力分析又称为应变电测法,简称电测法。它是以电阻应变片为敏感元件,通过电阻应变仪测出构件表面测点的应变,再根据胡克定律,确定构件表面测点的应力状态的一种实验应力分析方法。

电测法测量原理:在被测构件表面的测点处粘贴电阻应变片,当构件受力发生变形时,电阻应变片的栅丝随之变形,导致电阻应变片的阻值会发生相应的变化,将电阻应变片连接到电阻应变仪上,通过电阻应变仪将电阻应变片的阻值变化值转化为应变的变化值,再根据胡克定律,确定构件表面测点的应力状态。这是一种将机械量转换为电量的测量方法,是实验应力分析中的重要方法之一。目前,电测法在工程实践中得到了广泛使用。其主要优点有:

1. 测量方法简便、精度高。电测法是利用电阻应变仪测量应变,具有较高的精度,可以分辨出 $1\ \mu\varepsilon$ 的应变值;稳定性好,便于携带,可进行野外现场测量;能数字显示,可进行多点测量。

2. 传感元件小。电测法的传感元件是电阻应变片。电阻应变片的安装尺寸可以很小,最小标距可达 $0.2\ \mathrm{mm}$。可以粘贴在构件的很小部位上或复杂构件的多个部位上,以测取局部应变。

3. 测量范围广。电阻应变片能适应高温、低温、高压、远距离等各种条件下的测量。

当然,电测法也有局限性。例如,一般情况下,只便于测量构件表面的应变。在应力集中的部位,若应力梯度很大,则测量误差较大。另外,测量时受温度变化的影响也很大。

电测法的基本组成:一般由两个基本部分组成,即传感元件(电阻应变片)和测量仪器(电阻应变仪)。

第二节 电阻应变片

一、电阻应变片的结构

电阻应变片可以看成是一个电阻器件,它主要由敏感栅、基底、引线、粘贴剂和覆盖层5个部分组成。电阻应变片的结构如图3.1所示。

基本参数有：灵敏系数 K（一般在 2.0 左右）、电阻值 R（一般在 120 Ω 左右）、标距 L（0.2～10 mm）、宽度 D。这些参数一般由生产厂家在出厂时直接给出。

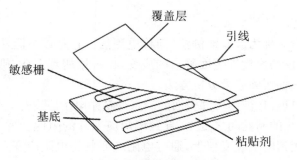

图 3.1　电阻应变片的结构

二、电阻应变片的分类

（一）按应变片敏感栅材料分类

具体分类如表3.1所示。

表 3.1　按应变片的敏感栅材料分类

种类	金属电阻应变片			半导体电阻应变片
	金属丝式应变片	金属箔式应变片	金属薄膜应变片	
敏感栅材料	丝绕式：用直径为 0.01～0.05 mm 的镍合金或镍铬合金的金属丝制成　短接式	用厚度为 0.002～0.005 mm 的金属箔（铜镍合金或镍铬合金）作为敏感栅的材料	金属薄膜应变片的敏感栅是用真空蒸镀、沉积或溅射的方法将金属材料在绝缘基底上制成一定形状的薄膜而形成的	由锗或硅等半导体材料制成
结构	丝绕式　短接式			

续表

种类	金属电阻应变片			半导体电阻应变片
	金属丝式应变片	金属箔式应变片	金属薄膜应变片	
应用	丝绕式应变片的横向效应较大,测量精度较低,且端部圆弧部分形状不易保证,因此,丝绕式应变片性能分散。短接式应变片敏感栅的端部平直且较粗,电阻值很小,故其横向效应很小,加之制造时敏感栅形状较易保证,故测量精度较高。但由于敏感栅中焊点较多,容易损坏,疲劳寿命较短	箔式应变片敏感栅端部的横向部分可以做成比较宽的栅条,其横向效应很小;箔栅的厚度很薄,能较好地反映构件表面的应变,也易于粘贴在弯曲的表面上;箔式应变片蠕变小、散热性能好、疲劳寿命长,测量精度高。由于箔式应变片具有以上诸多优点,故在各个测量领域中得到广泛的应用	金属薄膜应变片易于制成高温应变片,直接将应变片做在传感器弹性元件上	半导体也叫压电晶体应变片,这种材料几何性质发生变化的时候会在晶体的轴上产生电势,这种应变片变形量小,产生的参数线性度差要经过运算后使用,但它是无源信号源,适合测量高密度小变形量的物体

（二）按应变片敏感栅结构形状分类

具体分类如表 3.2 所示。

表 3.2　按应变片的敏感栅结构形状分类

种类	单轴电阻应变片	多轴电阻应变片			
组成	这种应变片可用来测量单向应变。若把几个单轴敏感栅做在同一个基底上,则称为平行轴多栅应变片或同轴多栅应变片,这类应变片用来测量构件表面的应变梯度	由两个或两个以上轴线相交成一定角度的敏感栅制成的应变片称为多轴应变片,也称为应变花,用于测量平面应变			
结构	平行轴多栅应变片　同轴多栅应变片	二轴 90°	三轴 45°	三轴 60°	三轴 120°
	平行轴多栅应变片　同轴多栅应变片				

（三）按应变片的工作温度分类

具体分类如表 3.3 所示。

表 3.3　按应变片的工作温度分类

种类	常温应变片	中温应变片	高温应变片	低温应变片
工作条件	其工作温度为 −30～60 ℃。一般的常温应变片使用时温度基本保持不变，否则会有热输出，若使用时温度变化大，则可使用常温温度自补偿应变片	其工作温度为60～350 ℃	工作温度高于350 ℃，均为高温应变片	工作温度低于−30 ℃，均为低温应变片

三、电阻应变片的工作原理

实验表明：绝大部分金属丝收到拉伸（或缩短）时，金属丝的电阻值将会增大（或缩小），这种电阻值随变形发生变化的现象叫作电阻应变效应。电阻应变片就是基于金属导体的电阻应变效应所制成的。

由电学知识可知，金属丝的阻值 R 与其长度 L 成正比，与其截面积 A 成反比，即

$$R = \rho \frac{L}{A} \tag{3.2.1}$$

其中，ρ 为金属丝的电阻率。

当金属丝受到轴向拉伸作用时，将产生线应变 $\varepsilon = \mathrm{d}L/L$，金属丝的电阻值也将发生相对变化 $\mathrm{d}R/R$。这一现象称为应变-电阻效应。为求得电阻变化率 $\mathrm{d}R/R$ 与线应变 $\varepsilon = \mathrm{d}L/L$ 之间的关系，可将上式两端先取对数

$$\ln R = \ln \rho + \ln L - \ln A \tag{3.2.2}$$

再将上式微分

$$\frac{\mathrm{d}R}{R} = \frac{\mathrm{d}\rho}{\rho} + \frac{\mathrm{d}L}{L} - \frac{\mathrm{d}A}{A} \tag{3.2.3}$$

当金属丝横截面为圆形时，设直径为 D，有

$$\frac{\mathrm{d}A}{A} = 2\frac{\mathrm{d}D}{D} \tag{3.2.4}$$

根据横向应变与纵向应变之间的关系

$$\varepsilon = \frac{\mathrm{d}D}{D} = -\mu\varepsilon \tag{3.2.5}$$

有

$$\frac{\mathrm{d}A}{A} = -2\mu\frac{\mathrm{d}L}{L} \tag{3.2.6}$$

其中，μ 为金属丝的泊松比。

实验证明，材料的 $\mathrm{d}\rho/\rho$ 对电阻变化率影响很小，可以忽略不计。式(3.2.6)可改写为

$$\frac{dR}{R} = \frac{dL}{L} - \frac{dA}{A} \tag{3.2.7}$$

再将 $\varepsilon = dL/L$、$dA/A = -2\mu\varepsilon$ 代入上式得

$$\frac{dR}{R} = (1 + 2\mu)\varepsilon \tag{3.2.8}$$

将 $K_s = 1 + 2\mu$ 代入上式可得

$$\frac{dR}{R} = K_s\varepsilon \tag{3.2.9}$$

其中，K_s 为金属丝的灵敏系数。

式(3.2.9)说明金属丝的电阻改变率 dR/R 与应变 ε 成正比。如果将这种金属丝绕成栅状，就制成了电阻应变片。它有类似于式(3.2.9)的关系，即

$$\frac{dR}{R} = K\varepsilon \tag{3.2.10}$$

其中，K 为电阻应变片的灵敏系数，其值与电阻应变片的材料和形式有关。式(3.2.10)是电阻应变片的基本关系式。

四、电阻应变片的使用

在使用电阻应变片时，首先将电阻应变片用特殊的胶水粘贴在构件被测点处，使应变片随构件一同变形，这样应变片感受到的就是构件表面在贴片处的拉应变或压应变。可以通过测量应变片的应变来测量构件的应变。应变片产生的应变一般由两种因素造成：一种是测构件受外力作用而产生的应变，称为工作应变 ε_F；另一种是由环境温度的变化而产生的应变，称为温度应变 ε_T。故设各应变片所产生的应变为二者之和 $\varepsilon = \varepsilon_F + \varepsilon_T$。在电测法中，为了消除温度变化产生的附加应变，按应变片的功能不同，可将应变片分为工作片和温度补偿片。

工作片 R_F：即粘贴在被测构件上的应变片，不仅有构件受外力作用而产生的工作应变 ε_F，而且还有环境温度变化产生的温度应变 ε_T，即工作片测出的应变为 $\varepsilon = \varepsilon_F + \varepsilon_T$。

温度补偿片 R_T：粘贴在不受力的构件上，由于不受力，所以不产生工作应变 ε_F，只有温度变化产生的温度应变 ε_T，即温度补偿片测出的应变为 $\varepsilon = \varepsilon_T$。

第三节　电阻应变仪

电阻应变片的作用是将应变转换成应变片的电阻变化，但是构件在线弹性变形范围内变化时，这个电阻的变化量是很小的。

例如，测 $E = 200$ GPa 的钢制构件的应力，要求测量能分辨出 2 MPa 的应力。

设电阻应变片的电阻值 $R = 120\ \Omega, K = 2.00,$ 则

$$\Delta R = RK\varepsilon = RK\frac{\sigma}{E} = 120 \times 2 \times \frac{2 \times 10^6}{200 \times 10^9}\ \Omega = 0.0024\ \Omega$$

这表明,要求测量电阻的仪器能分辨出 120 Ω 和 0.0024 Ω 的电阻值。这是一般测量电阻的仪器所不能达到的。因此必须要用专门设计的仪器——电阻应变仪进行测量。

一、电阻应变仪的基本组成

电阻应变仪是一种高精度的电子测量仪器,其主要结构大致分为输入电路、放大电路和应变输出电路等部分。

(一)输入电路

输入电路就是把应变片接入应变仪的测量电路。通常采用惠斯通电桥电路进行测量,测量电桥的工作原理如图 3.2 所示。

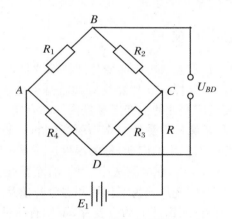

图 3.2　惠斯通电桥

在惠斯通电桥中,当 A、C 间接入电压为 U_{AC} 的电源时,B、D 间的输出电压为

$$U_{BD} = U_{AB} - U_{AD} = I_1 R_1 - I_2 R_4 \tag{3.3.1}$$

其中,U_{AB}、U_{AD} 分别为 A、B 和 A、C 间的电位差;I_1、I_2 分别为通过 ABC 和 ADC 回路的电流。则

$$I_1 = \frac{U_{AC}}{R_1 R_2}, \quad I_2 = \frac{U_{AC}}{R_3 R_4} \tag{3.3.2}$$

故

$$U_{BD} = \frac{R_1 R_3 - R_2 R_4}{(R_1 + R_2)(R_3 + R_4)} \tag{3.3.3}$$

如果电桥处于平衡状态,则 B、D 间的输出电压为零,即 $U_{BD} = 0,$由上式可得

$$R_1 R_3 = R_2 R_4 \tag{3.3.4}$$

式(3.3.4)即为电桥平衡的条件。

显然,若 $R_1=R_2=R_3=R_4$ 或 $R_1=R_2$ 和 $R_3=R_4$,则电桥可处于平衡状态。然而要求 4 个桥臂电阻的阻值绝对相等,基本上是不可能的。所以仅依靠 4 个桥臂电阻构成的电桥难以实现电桥的平衡,必须设置辅助的平衡电路,如图 3.3 所示,在 AB、BC 两桥臂之间并联一个多圈电位器 R_6,调节该电位器,可使这两个桥臂的阻值在一定范围的连续变化,以找到满足平衡条件的触点。平衡电桥如图 3.3 所示。

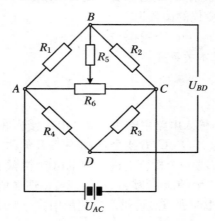

图 3.3　平衡电路

现在假设 4 个桥臂电阻都是外接的电阻应变片(即全桥接线),且已预先调至初始平衡状态。当各桥臂都产生应变时,其桥臂的电阻也产生相应的电阻增量 ΔR_1、ΔR_2、ΔR_3、ΔR_4,这时测量桥的输出电压由式(3.3.3)可得

$$U_{BD}=\frac{(R_1+\Delta R_1)(R_4+\Delta R_4)-(R_2+\Delta R_2)(R_3+\Delta R_3)}{(R_1+\Delta R_1+R_2+\Delta R_2)(R_3+\Delta R_3)(R_4+\Delta R_4)}U_{AC}$$

(3.3.5)

将 $R_1R_3=R_2R_4$ 代入式(3.3.5),且由于 $\Delta R_i\ll R_i$,可略去高阶微量,输出电压和电阻变化率的非线性误差较小,故忽略非线性项。故得到

$$U_{BD}=\frac{U_{AC}}{4}\left(\frac{\Delta R_1}{R_1}-\frac{\Delta R_2}{R_2}+\frac{\Delta R_3}{R_3}-\frac{\Delta R_4}{R_4}\right)$$

(3.3.6)

利用 $\dfrac{\mathrm{d}R}{R}=K\varepsilon$ 代入上式,可得

$$U_{BD}=\frac{U_{AC}K}{4}(\varepsilon_1-\varepsilon_2+\varepsilon_3-\varepsilon_4)$$

(3.3.7)

其中,ε_1、ε_2、ε_3、ε_4 为电桥上 4 个桥臂电阻所感受的相应应变值。

(二)放大电路

放大电路是将输入电路的信号 U_{BD} 放大到一定程度,以便输出。一般由直流放大电路或交流放大电路来完成。

（三）应变输出电路

应变输出电路是将放大信号以应变的形式显示出来。

应变仪在设计时,考虑到输入电路的输出和输入之间的关系,根据式(3.3.7),应变仪输出一般设计成以下形式

$$K_0 \varepsilon_{ds} = K(\varepsilon_1 - \varepsilon_2 + \varepsilon_3 - \varepsilon_4) \tag{3.3.8}$$

其中,K_0 为应变仪的灵敏系数;K 为应变片的灵敏系数。

若使 $K_0 = K$,则应变仪的读数为

$$\varepsilon_{ds} = \varepsilon_1 - \varepsilon_2 + \varepsilon_3 - \varepsilon_4 \tag{3.3.9}$$

式(3.3.9)为应变仪的基本关系式。

二、应变电桥

由上面的分析可知,输入电路主要就是一个电桥接入线路,输入电路一般由 4 个接线点组成,分别记为 A、B、C、D 4 个点,将应变片的两根引线按一定的形式分别接到 AB、BC、CD 和 DA 4 个桥臂上进行测量;4 个桥臂上接入的应变片分别记为 R_1、R_2、R_3、R_4。所产生的应变为 ε_1、ε_2、ε_3、ε_4。现在所使用的应变仪一般都设有 10 个以上的电路(也叫通道),可供多点测量用。应变仪的输出结果与电桥输入电路的接线方式有关。

在实际测量中,为了实现温度补偿;从复杂的变形中测量出所需要的某一应变分量;扩大应变仪的读数,以减小读数误差,提高测量精度的目的,常利用电桥的基本特性,精心设计应变片在电桥中的接法。在应变电桥中,按应变片在桥臂中的数量来分,一般有两种接线法。

（一）全桥接线法

电桥的 4 个桥臂都接上电阻应变仪,称为全桥接线法或全桥线路法。即将应变片分别接到 AB、BC、CD 和 DA 4 个桥臂上进行测量。应变仪的输出为电桥每个桥臂上的主应变片产生的应变的代数和,即

$$\varepsilon_{ds} = \varepsilon_1 - \varepsilon_2 + \varepsilon_3 - \varepsilon_4$$

（二）半桥接线法

在测量中只是用电桥的两个桥臂,即在 AB、BC 二桥臂上接上相应的应变片,而另外的两个桥臂 CD 和 DA 使用应变仪内部的固定电阻,则称为半桥接线法或半桥线路法。输出结果为

$$\varepsilon_{ds} = \varepsilon_1 - \varepsilon_2$$

（三）测量灵敏度

当采用不同的桥路进行测量时,从电阻应变仪测量出来的实验值与被测点的实际值是不相同的。测量值 ε_{ds} 与实际值 ε 之比定义为测量灵敏度 K',即 $K' = \dfrac{\varepsilon_{ds}}{\varepsilon}$。

三、电阻应变仪

（一）面板介绍

应变仪面板如图3.4所示。

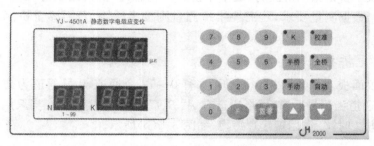

图3.4　应变仪面板

1. 上显示窗口：显示测量值（微应变）。
2. 左下显示窗口：显示测量通道，00～12，00为校准通道。
3. 右下显示窗口：显示灵敏系数 K 值。
4. 灵敏系数设定键，伴有指示灯。
5. 校准键，伴有指示灯。
6. 半桥工作键，伴有指示灯。
7. 全桥工作键，伴有指示灯。
8. 手动测量键，伴有指示灯。
9. 自动测量键，伴有指示灯。
10. 上行、下行键。
11. 置零键。
12. 功能键。
13. 数字键。

（二）操作方法

打开电阻应变仪背面的电源开关，此时显示窗口提示符"$nH-JH$"，且半桥键、手动键指示灯均亮，按数字键01（或按任一测量通道序号均可，按功能键无效或会出错），应变仪进入半桥、手动测量状态，左下显示窗口显示01通道（或显示所按的通道序号），右下显示窗口显示上次关机时的灵敏系数（若出现的是字母和数字，则按下面的灵敏系数 K 设定操作），上显示窗显示所按通道上的测量电桥的初始值（未接测量电桥，显示的是无规律的数字）。

1. 设定灵敏系数 K

在手动测量状态下，按 K 键，K 键指示灯亮，灵敏系数显示窗（右下显示窗）无显示，应变仪进入灵敏系数设定状态。通过数字键键入所需的灵敏系数值后，K 键指示灯自动熄灭,灵敏系数设定完毕,返回手动测量状态;若不需要重新设定 K 值,则再按 K 键,K 键指示灯熄灭,返回手动测量状态,灵敏系数显示窗口仍显示为原来的 K 值。K 值设定范围为 1.0~2.99。

2. 半桥、全桥选择

应变仪半桥键指示灯亮时,处于半桥工作状态;全桥键指示灯亮时,处于全桥工作状态。根据测量要求,若需要半桥测量则按半桥键;若需要全桥测量则按全桥键。

(三)电桥接法

应变仪面板上部如图 3.5(a)所示,有 0~12 个通道,0 号通道为公共补偿通道,1~12 通道为测量通道,每个通道有 A、B、C、D 4 个接线柱。当采用公共温度补偿接线方法时,C 点用短接片短接,如图 3.5(b)所示。

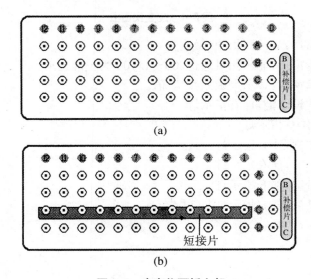

(a)

(b)

图 3.5　应变仪面板上部

测量电桥有以下几种接线方法:

1. 半桥接线法

采用半桥测量时有两种接线方法,分别为单臂半桥接线法和双臂半桥接线法。

(1)单臂半桥接线法

单臂半桥接线法是在 AB 桥臂上接工作应变片,BC 桥臂上接温度补偿片。多点测量时常用这种接线法。

当用一个温度补偿片补偿多个工作应变片时,称此接线方法为公共温度补偿法,如图 3.6 所示。各通道的 A、B 接线柱上均接入工作应变片,各测量用到的 C 接线柱用短接片短接(实验前检查 C 接线柱是否旋紧,与短接片短接是否可靠),温度补偿片可按图 3.6(a)接线,也可接在任一通道的 B、C 接线柱上;若工作片已按公共线接法连接,则按图 3.6(b)接线,各通道的 A 接线柱上接工作片,工作片公共线接在任一通道的 B 接线柱上,补偿片也可接在任一通道的 B、C 接线柱上。

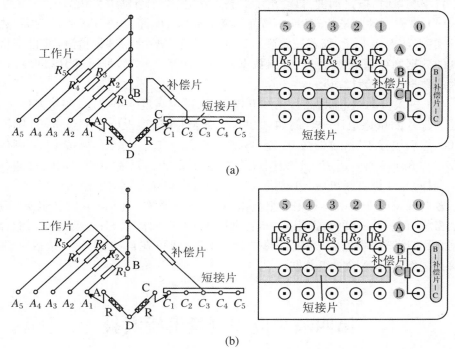

(a)

(b)

图 3.6　单臂半桥公共温度补偿接线法

（2）双臂半桥接线法

双臂半桥接线法是在 AB、BC 桥臂上都接工作应变片(卸去短接片),如图 3.7 所示。

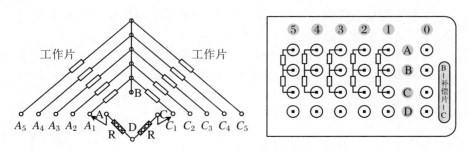

图 3.7　双臂半桥接线法

2. 全桥接线法

全桥接线法是在 AB、BC、CD、DA 桥臂上均接应变片(卸去短接片),可以全部是工作应变片,也可以是工作应变片和温度补偿片的组合。

（四）测量

自动测量时，按自动键，自动指示灯亮，应变仪处于自动测量状态。

（1）进入自动测量状态后，先按置零键，仪器按顺序自动对各通道置零，然后进行实验，接着按 F 键，仪器按顺序自动对各通道实验数据进行检测，并自动将检测到的数据储存起来（现可存 40 组数据），若与计算机联机，可通过 RS232 接口将储存的数据传输给计算机。

（2）进入自动测量状态后，先按 F 键，进入设定测量通道状态，测量窗口全黑，这是需键入测量通道序号。例如，此时在 01 至 08 通道上皆有测量电桥，则键入 01,08，然后按置零键，仪器按 01 至 08 顺序置零。进行实验后，再按 F 键，则仪器按 01 至 08 顺序对各通道实验数据进行检测，并且也自动将检测到的数据储存起来。同样，与计算机联机后，可通过 RS232 接口将储存的数据传输给计算机。

若要知道应变仪中存有多少组数据，只要在手动状态下，按 F 键和 K 键，测量显示窗就可显示储存的数据组数，然后再按 K 键，退回原状态；若要清除已储存的数据，可与计算机联机后，通过计算机命令清除，也可在自动状态下，按数字键 6、8，每按一组 6、8，清除一组数据。

第四节　应变测量组桥实验

一、实验目的

1. 了解电测法的基本原理和方法。
2. 了解电阻应变仪和应变片的工作原理，掌握电阻应变仪的使用方法。
3. 测定等强度梁上已粘贴应变片处的应变。
4. 验证等强度梁各横截面上应变（应力）相等原理。
5. 掌握电阻应变片在测量电桥中的各种组桥方式。

二、实验仪器和设备

1. 等强度梁实验装置。
2. YJ－4501A 静态数字电阻应变仪。

三、实验原理

（一）实验装置

等强度梁实验装置如图 3.8 所示。等强度梁实验装置是由座体、等强度梁、等强度梁上下表面粘贴的 4 片应变片、加载砝码等组成的。等强度梁一端固定在座件上，一端自由，且自由端受一集中载荷 F 作用，即悬臂梁形式。

图 3.8　等强度梁实验装置

由理论分析可知，等强度梁的各截面处的应力计算公式：

$$\sigma_i = \frac{M_i}{W_z} \qquad (3.4.1)$$

其中，$W_z = \dfrac{bh^2}{6}$；b 和 h 分别为等强度梁横截面的宽度和高度，其值由具体实验装置测出。

（二）布片方案

在等强度梁的上、下表面沿轴线方向粘贴了 4 个电阻应变片 R_1、R_2、R_3、R_4，如图 3.9 所示。根据等强度梁的特点，即沿轴线方向的各截面处的应力和应变处处相等。根据胡克定律，可求出应变片所粘贴位置的应力实验值。

$$\sigma_i = E\varepsilon_i \qquad (3.4.2)$$

其中，等强度梁材料为高强度铝合金，弹性模量 $E = 72\,\text{GPa}$。

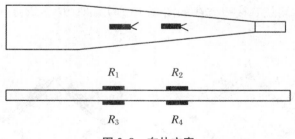

图 3.9　布片方案

四、实验内容

1. 单臂（多点）半桥测量，采用公共温度补偿法。接线方法如图 3.10 所示，即

$R_1 \rightarrow A_1 B_1$，$R_2 \rightarrow A_2 B_2$，$R_3 \rightarrow A_3 B_3$，$R_4 \rightarrow A_4 B_4$，$R_t \rightarrow B'_0 C'_0$。

2. 双臂半桥测量。接线方法如图 3.11 所示，即 $R_1 \rightarrow AB$，$R_3 \rightarrow BC$。

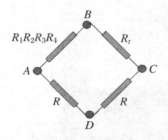 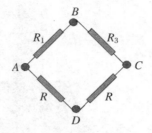

图 3.10　单臂（多点）半桥测量　　　图 3.11　双臂半桥测量

3. 四臂全桥。接线方法如图 3.12 所示：即 $R_1 \rightarrow AB$，$R_3 \rightarrow BC$，$R_2 \rightarrow CD$，$R_4 \rightarrow DA$。

4. 对臂全桥。接线方法如图 3.13 所示：即 $R_1 \rightarrow AB$，$R_{t1} \rightarrow BC$，$R_3 \rightarrow CD$，$R_{t2} \rightarrow DA$。

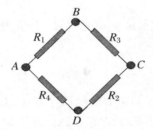 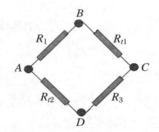

图 3.12　四臂全桥测量　　　　　图 3.13　对臂全桥测量

5. 串联半桥测量。接线方法如图 3.14 所示，即 $(R_1 + R_2) \rightarrow AB$，$(R_3 + R_4) \rightarrow BC$。

6. 并联半桥测量。接线方法如图 3.15 所示，即 $(R_1 /\!\!/ R_2) \rightarrow AB$，$(R_3 /\!\!/ R_4) \rightarrow BC$。

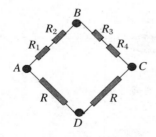 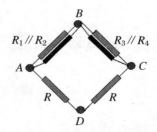

图 3.14　串联半桥测量　　　　　图 3.15　并联半桥测量

五、实验步骤

1. 打开电阻应变仪电源,按照实验内容要求选择全桥或半桥测量方式。
2. 设定电阻应变仪灵敏系数 K 值与实验装置中应变片的 K 值相一致。
3. 接线方法:按图示形式接线。
4. 预调平衡:将各测量通道分别置零。
5. 加载方案:初始载荷 $F_0 = 5\,\text{N}$,载荷增量 $\Delta F = 5\,\text{N}$,最大载荷 $F_{max} = 20\,\text{N}$。
6. 加载测量:按加载方案进行加载测量,记录实验数据并填入相应的表格中。

六、实验数据处理

1. 计算出以上各测量方法下应变增量的平均值,并与应变理论值进行比较,计算出相对误差。
2. 比较各种测量方法下的测量灵敏度。
3. 比较单臂(多点)测量实验值之间的关系。

七、思考题

1. 分析各种组桥方式中温度补偿的方法。
2. 采用串联和并联的方法能否提高测量灵敏度? 为什么?

第五节　弹性模量 E 和泊松比 μ 的测定实验

一、实验目的

1. 用电测法测定材料的弹性模量 E 和泊松比 μ；
2. 验证胡克定律。

二、实验仪器和设备

1. 拉压实验装置。
2. YJ－4501 静态数字电阻应变仪。
3. 板试件一根（已粘贴好应变片）。

三、实验原理

（一）实验装置

拉压实验装置如图 3.16，它由座体、轮加载系统、支承架、活动横梁、传感器和测力仪等部分组成。通过手轮调节传感器和活动横梁中间的距离，将万向接头和已粘贴好应变片的试件安装在传感器和活动横梁的中间，如图 3.17。

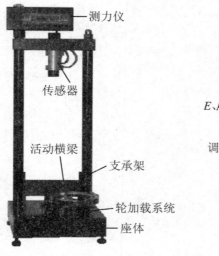

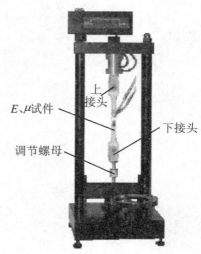

图 3.16　拉压实验装置　　　　图 3.17　安装好试件的拉压实验装置

（二）实验原理

用拉伸的方法在材料弹性范围内测定材料弹性模量 E 和泊松比 μ。弹性阶段材料服从胡克定律，其关系为

$$E = \frac{\sigma}{\varepsilon} = \frac{F}{A\varepsilon_y} \tag{3.5.1}$$

由式(3.5.1)可知，若已知载荷 F 及试件横截面面积 A，只要测得试件表面轴向应变 ε_y，就可计算出弹性模量 E。

泊松比定义为

$$\mu = \left| \frac{\varepsilon_x}{\varepsilon_y} \right| \tag{3.5.2}$$

由式(3.5.2)可知，若可同时测得试件表面横向应变 ε_x，就可以计算出泊松比 μ。

（三）布片方案

板试件是由铝合金（或钢）加工而成的，在试件前、后两个面的中间位置，沿着试件的轴线方向和横向方向分别粘贴一片应变片，分别为 R_y、R_y'、R_x、R_x'，如图 3.18 所示。

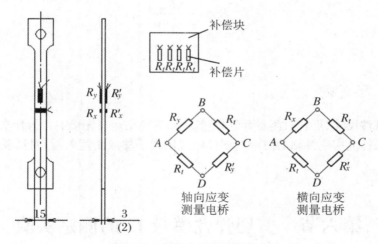

图 3.18　布片方案和接线方式

（四）接线方式

为消除试件初始弯曲和加载过程中可能产生的偏心影响，采用全桥接线法。由轴线应变测量电桥和横向应变测量电桥可分别测得轴向应变 ε_y 和横向应变 ε_x，根据应变电桥测量原理（见第三章第二节），试件的轴向应变 ε_y 和横向应变 ε_x 是应变仪应变值读数 ε_{ds} 的一半，即 $\varepsilon_y = \frac{1}{2}\varepsilon_{ds}$，$\varepsilon_x = \frac{1}{2}\varepsilon_{ds}$，由此可计算得到弹性模量 E 和泊松比 μ。

四、实验步骤

1. 测量试件横截面尺寸:本试件为铝合金材料,宽 15 mm,厚 3 mm。
2. 打开拉压实验装置和电阻应变仪电源开关。
3. 按图示全桥接法进行接线。
4. 检查应变仪灵敏系数是否与应变片一致,若不一致需重新设置。
5. 实验:

(1) 本实验取初始载荷 $P_0 = 0.2$ kN(200 N),$P_{max} = 2.6$ kN(2600 N),$\Delta P = 0.3$ kN(300 N),共分 8 次加载;

(2) 加初始载荷 0.2 kN(200 N),通道置零;

(3) 逐级加载,记录各级载荷作用下的应变读数。

五、实验数据处理

根据记录表记录的各项数据,每级相减,得到各级增加量的差值(从这些差值可以看出力与应变的线性关系),然后计算这些差值的算术平均值 $\Delta F_{均}$、$\Delta \varepsilon_{y均}$、$\Delta \varepsilon_{x均}$,可由式(3.5.3)、式(3.5.4)计算出弹性模量 E 和泊松比 μ:

$$E = \frac{\Delta F_{均}}{A_0 \Delta \varepsilon_{y均}} \tag{3.5.3}$$

$$\mu = \frac{\Delta \varepsilon_{x均}}{\Delta \varepsilon_{y均}} \tag{3.5.4}$$

六、思考题

1. 试件尺寸、形状对测量弹性模量 E 和泊松比 μ 有无影响? 为什么?
2. 试件上应变片粘贴时或与试件轴线出现平移或角度差时,对试验结果有无影响?

第六节　剪切弹性模量 G 的测定实验

一、实验目的

用两种方法测定材料的剪切弹性模量 G。

二、实验仪器和设备

1. 剪切弹性模量 G 测定实验装置一台。

2. YJ‑4501A 静态数字电阻应变仪一台。

三、实验原理和方法

剪切弹性模量 G 测定实验装置如图 3.19,它是由试验主架、扭矩传感器、支承架、扭转试件、电阻应变片、转角传感器、加载杆、加载手轮、剪切弹性模量参数测定仪(简称参数测定仪)等组成的。参数测定仪上有两个显示窗,分别显示扭矩和转角,两个显示窗各配有一个置零键。

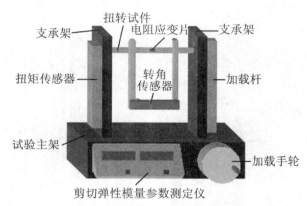

图 3.19　剪切弹性模量 G 测度实验装置

(一)方法一

通过扭矩传感器和转角传感器实现剪切弹性模量 G 的测定。由材料力学可知,对于一根长度为 L 的圆轴,在一对扭矩 M_n 的作用下,如图 3.20 所示,在其剪

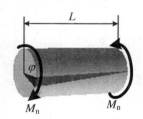

图 3.20　长圆轴受扭示意图

切比例极限内,圆轴扭转角 φ 的计算公式为

$$\varphi = \frac{M_n L}{G I_p} \tag{3.6.1}$$

式中,$I_p = \dfrac{\pi d^4}{32}$ 为圆轴的横截面积惯性矩。

由式(3.6.1)可得剪切弹性模量 G:

$$G = \frac{M_n L}{\varphi I_p} \tag{3.6.2}$$

在实验装置上(如图3.21),扭转试件一端固定与扭矩传感器连接,另一端与加载杆连接,转角传感器安装在扭转试件的 A、B 截面,如图3.21(a)所示,A、B 截面间距离为 L。旋转加载手轮,加载杆就对试件施加了扭矩 M_n,安装在扭转试件上的转角传感器感测到由于转角 φ 变化产生的 Δ 的变化,根据几何关系,如图3.21(b)所示,可知转角

$$\varphi = \frac{\Delta}{R} \tag{3.6.3}$$

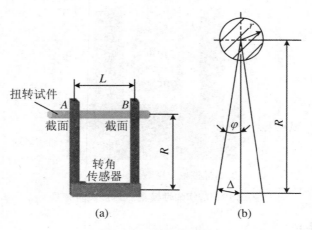

图 3.21　几何关系图

实验时,扭矩 M_n 的大小和转角 φ 都由参数测定仪直接指示出来,只要记录下相应的数据,代入式(3.6.2)就可计算出测定的剪切弹性模量 G。

(二)方法二

通过扭矩传感器和扭转试件上粘贴的应变片感测到的应变实现剪切弹性模量 G 的测定。

由材料力学可知,在剪切比例极限内,切应力 τ 与剪应变 γ 满足剪切胡克定律,即

$$\gamma = \frac{\tau}{G} \tag{3.6.4}$$

由此可得剪切弹性模量

$$G = \frac{\tau}{\gamma} \tag{3.6.5}$$

切应力

$$\tau = \frac{M_n}{W_n} \tag{3.6.6}$$

式中，$W_n = \dfrac{\pi d^3}{16}$横截面抗扭截面模量。

切应力可由参数测定仪上显示的扭矩 M_n，并根据式(3.6.6)计算得到。剪应变则根据扭转试件粘贴的应变片来确定。在扭转试件某截面上粘贴了两片双$45°$应变片，如图 3.22(a)，将应变片按图 3.22(b)组成全桥测量电路接至应变仪上，当试件在扭矩作用下产生变形时，应变仪读数应变 ε_{ds} 为 $45°$方向线应变 ε_{45} 的 4 倍，即

$$\varepsilon_{45} = \frac{\varepsilon_{ds}}{4} \tag{3.6.7}$$

另外，扭转试件在扭矩作用下，其表面上任一点均为纯剪状态，根据广义胡克定律

$$\varepsilon_{45°} = \frac{1}{E}\big[\tau - \mu(-\tau)\big] = \frac{1+\mu}{E}\tau = \frac{\tau}{2G} = \frac{\gamma}{2} \tag{3.6.8}$$

将式(3.6.7)代入式(3.6.8)，得

$$\gamma = \frac{\varepsilon_{ds}}{2} \tag{3.6.9}$$

将式(3.6.6)和式(3.6.9)代入式(3.6.5)，就可计算得到剪切弹性模量 G：

$$G = 2\frac{M_n}{W_n \varepsilon_{ds}} \tag{3.6.10}$$

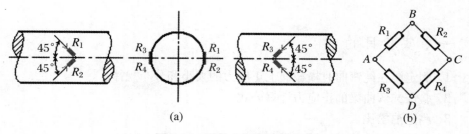

图 3.22　贴片方案和接线方式

四、实验步骤

1. 扭转试件直径 $d = 15$ mm，转角传感器标矩 $L = 100$ mm。

2. 接通参数测定仪电源，将参数测定仪开关打开。

3. 将应变片按图 3.22(b)接至应变仪，并检查应变仪灵敏系数是否与应变片一致，若不一致，需重新设置。

4. 具体步骤：

(1) 旋转加载手轮，调整加载初始位置，使扭转试件不受力(调整时，达到按手轮加载方向和卸载方向各旋转一圈而参数测定仪上扭矩显示不变化，此时，扭转试件不受力)，按置零键，使参数测定仪上扭矩显示为零。

(2) 按手轮加载、卸载方向对扭转试件在 $0 \sim 82$ N·m 之间，加、卸 3 遍。

（3）初始载荷，按参数测定仪上转角显示置零键，使其为零；应变仪置零。

（4）本实验每 10 N·m 一级，共分 8 级，最大扭矩为 82 N·m（包含预加的初始载荷）。

（5）逐级加载，记录各级载荷作用下的转角和应变片的读数应变。

注：该装置在 100 N·m 左右设有机械过载保护装置，当加载手轮旋不动时，若继续用力旋转加载手轮，将会损坏实验装置。

五、实验结果处理

实验结果可根据下列公式计算得出：

$$G = \frac{\Delta M_{n均} \cdot L}{\Delta \varphi_{均} \, I_p}$$

$$G = 2\frac{\Delta M_{n均}}{W_n \cdot \Delta \varepsilon_{d均}}$$

第七节　纯弯曲梁的正应力实验

一、实验目的

1. 测定梁在纯弯曲时横截面上正应力的大小和分布规律。
2. 验证纯弯曲梁的正应力计算公式。
3. 测定泊松比。
4. 掌握电测法的基本原理。

二、实验仪器及量具

1. 弯曲梁实验装置。
2. YJ - 4501A 静态数字电阻应变仪。
3. 温度补偿块。

三、实验原理

（一）测定弯曲正应力

弯曲梁实验装置如图 3.23 所示，由弯曲梁、定位板、支座、实验机架、加载系统、两端带万向接头的加载杆、加载夹头（包括钢珠）、加载横梁、载荷传感器和测力仪等组成。

1. 布片方式:本实验采用低碳钢矩形截面梁。梁 AB 段内处于纯弯状态,在 AB 段的中间位置,沿梁的横截面高度粘贴一组电阻应变片,如图 3.24 所示。应变片的编号分别为 $R_1 \sim R_7$,应变片 R_1 粘贴在中性层上,应变片 R_2、R_3、应变片 R_4、R_5 和应变片 R_6、R_7 分别粘贴在距离中性层 ± 10、± 15 和上下表面上,R_8 粘贴在 R_6 附近,且与 R_6 轴线垂直。

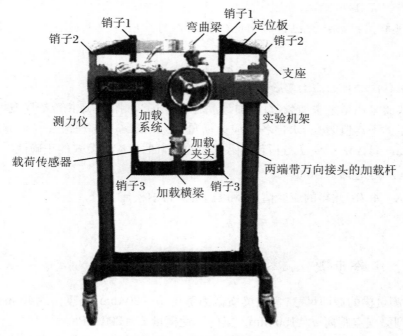

图 3.23　弯曲梁实验装置

2. 理论值:实验时,通过旋转手轮,带动涡轮丝杆运动而改变纯弯曲梁上的受力大小。该装置的加载系统可对纯弯曲梁连续加载、卸载。纯弯曲梁上受力的大小可通过拉压传感器由测力仪直接显示。当增加力 ΔP 时,通过两根加载杆,使得 A、B 两处分别增加作用力 $\dfrac{\Delta P}{2}$,如图 3.24 所示。

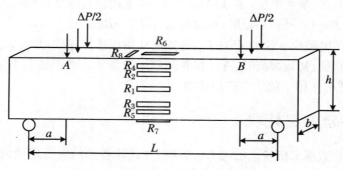

图 3.24　布片方式

根据平面假设和纵向纤维无挤压假设,可得到纯弯曲正应力计算公式:

$$\sigma_i = \frac{M \cdot y_i}{I_z} \tag{3.7.1}$$

其中,M 为弯矩;I_z 为横截面对中性轴的惯性矩;y_i 为所求应力点至中性轴的距离。

由式(3.7.1)可知,沿横截面高度正应力按线性规律变化。

3. 实验值:当梁受载后,可由应变仪测得每片应变片的应变值 ε_i。由胡克定律:

$$\sigma_i = E\varepsilon_i \tag{3.7.2}$$

可以求出各应变片处应力实验值。其中,E 为梁的弹性模量。

本实验采用增量法加载,每增加等量的载荷 ΔP,测得各点相应的应变增量,取应变增量的平均值 $\Delta\varepsilon_{实}$,求出各点应力增量 $\Delta\sigma = E\Delta\varepsilon_{实}$,与理论公式计算出的应力增量 $\Delta\sigma = (\Delta M \cdot y)/I_z$ 进行比较,从而验证弯曲正应力公式的正确性。

（二）测定泊松比 μ

由 R_6 和 R_8 测得的应变值 ε_6 和 ε_8,可测得泊松比 μ:

$$\mu = \left| \frac{\varepsilon_8}{\varepsilon_6} \right| \tag{3.7.3}$$

四、实验步骤

1. 测量梁的截面尺寸:弯曲梁横截面宽度 $b = 20$ mm,高度 $h = 40$ mm,载荷作用点到梁支点距离 $a = 150$ mm。梁的弹性模量 $E = 200$ GPa。

2. 确定加载方案:根据材料的许用应力 $[\sigma]$、截面尺寸和最大弯矩的位置,估算最大载荷量。

$$P_{max} \leqslant \frac{bh^2}{3a}[\sigma] \tag{3.7.4}$$

3. 确定量程、分级载荷和载荷增量。

4. 打开弯曲梁实验装置的电源开关。

5. 接线方式:单臂半桥(多点)测量方式,并采用公共温度补偿法。

即:$R_1 \sim R_8 \to A_1 B_8 \sim A_8 B_8$;温度补偿片 $R_t \to B_0' C_0'$。

6. 将数字电阻应变仪的 $C_1 \sim C_{12}$ 各接线柱用短接片连接,并旋紧。

7. 加载测量:初始载荷时,逐一将各测量通道置零。按照加载方案逐级加载,并记录各级载荷作用下的应变仪的读数。

五、实验数据处理

1. 按实验数据求出各点的应力实验值,并计算各点的应力理论值。计算应力实验值和应力理论值的相对误差。

2. 按同一比例分别画出各点应力的实验值和理论值沿横截面高度的分布曲线,并将两者进行比较。

3. 计算出泊松比 μ。

第八节　复合梁正应力分布规律实验

一、实验目的

1. 用电测法测定复合梁在纯弯曲受力状态下,沿其横截面高度的正应变(正应力)大小和分布规律。

2. 推导复合梁的正应力计算公式。

二、实验仪器和设备

1. 弯曲梁实验装置一台。

2. YJ－4501A 静态数字电阻应变仪一台。

三、实验原理和方法

复合梁实验装置与弯曲梁实验装置相同,只是将纯弯曲梁换成复合梁,复合梁的两根梁分别为铝梁和钢梁,铝梁 Ⅰ 的弹性模量 $E = 70\,\mathrm{GN(m^2)}$,钢梁 Ⅱ 的弹性模量 $E = 210\,\mathrm{GN(m^2)}$。复合梁受力状态和应变片粘贴位置如图 3.25 所示,共 12 个应变片。

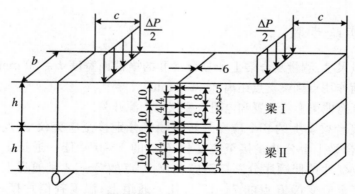

图 3.25　复合梁受力状态及应变片粘贴位置图

复合梁受力简图如图 3.26 所示。设

$$\frac{E_2}{E_1} = n \tag{3.8.1}$$

$$\frac{1}{\rho} = \frac{M}{E_1 I_{z1} + E_2 I_{z2}} \tag{3.8.2}$$

I_{z1} 为梁 I 截面对中性 z 轴的惯性矩；I_{z2} 为梁 II 截面对中性 z 轴的惯性矩。中性轴位置的偏移量为：

$$e = \frac{h(n - 1)}{2(n + 1)} \tag{3.8.3}$$

因此，可得到复合梁 I 和复合梁 II 正应力计算公式分别为

$$\sigma_{Ii} = E_1 \frac{Y_{Ii}}{\rho} = \frac{E_1 M Y_{Ii}}{E_1 I_{z1} + E_2 I_{z2}} \tag{3.8.4}$$

$$\sigma_{IIi} = E_2 \frac{Y_{IIi}}{\rho} = \frac{E_2 M Y_{IIi}}{E_1 I_{z1} + E_2 I_{z2}} \tag{3.8.5}$$

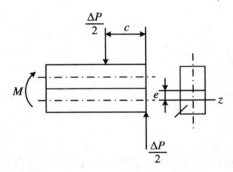

图 3.26　复合梁受力简图

如图 3.25 所示，在复合梁的纯弯曲段内的正中间位置，按图示位置沿梁 I 和梁 II 的横截面高度分别粘贴 6 个应变片。再将这 12 个应变片分别连接至应变仪上，当梁逐级加载时，可由应变仪分别测得 12 个应变片所粘贴位置的应变，即可得到复合梁在纯弯曲受力状态下，沿其横截面高度的正应变大小，由胡克定律可得到复合梁在纯弯曲受力状态下，沿其横截面高度的正应力大小。然后再分别计算出这 12 个应变片所粘贴位置应力的理论值，将应力的实验值与理论值进行比较，以验证复合梁的正应力计算公式。

四、实验步骤

1. 测量尺寸：测量复合梁 I 和复合梁 II 的横截面宽度 $b = 20$ mm，高度 $h = 20$ mm，载荷作用点到梁支点距离 $c = 150$ mm。

2. 打开弯曲梁实验装置和电阻应变仪的电源开关。

3. 将复合梁 I 上的 6 个应变片按照顺序分别接至应变仪 A 点的 1～6 号通道上，复合梁 I 上公共线接至应变仪 B 点的 1～6 号任一通道上；复合梁 II 上的 6 个应变片按照顺序分别接至应变仪 A 点的 7～12 号通道上，复合梁 II 上公共线接至应变仪 B 点的 7～12 号任一通道上；温度补偿片接在 0 通道的 B、C 上。

4. 复合梁实验：

(1) 本实验取初始载荷 $P_0 = 0.5$ kN(500 N)，$P_{max} = 4.5$ kN(4500 N)，$\Delta P = 1.0$ kN(1000 N)，共分 4 次加载。

(2) 加初始载荷 0.5 kN(500 N)，将各通道初始应变均置零。

(3) 逐级加载，记录各级载荷作用下每片应变片的读数应变。

五、实验结果的处理

1. 根据复合梁 I 和复合梁 II 正应力计算公式，分别计算出 12 个应变片所粘贴位置的理论应力值。

2. 根据实验测出的 12 个点的应变值，根据胡克定律计算出相应点的实验应力值。

3. 比较实验应力值和理论应力值，并计算实验应力值与理论应力值的相对误差。

4. 在同一直角坐标系中，分别画出实验应力值和理论应力值沿梁横截面高度的分布曲线，将两条曲线进行对比，如果两条曲线大致重合，说明复合梁的正应力计算公式成立。

六、思考题

1. 如何理解叠梁中各梁受力大小与其抗弯刚度 EI 有关。

2. 复合梁中性层为何偏移？如何理解复合梁实验中出现两个中性层。

3. 比较叠梁、复合梁应力和应变分布规律。

4. 推导叠梁和复合梁横截面应力应变计算公式。

第九节　薄壁圆筒的弯扭组合实验

一、实验目的

1. 用电测法测定平面应力状态下主应力的大小和方向。

2. 测定薄壁圆筒在弯扭组合变性作用下，分别由弯矩、剪力和扭矩所引起的应力。

二、实验仪器和设备

1. 弯扭组合实验装置。

2．YJ－4501A 静态数字电阻应变仪。

3．游标卡尺。

三、实验原理

弯扭组合实验装置如图 3.27 所示。它由薄壁圆筒(已粘贴应变片)、扇臂、钢索、传感器、加载手轮、座体和数字测力仪等组成。

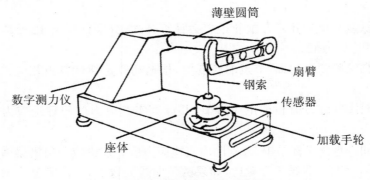

图 3.27　弯扭组合实验装置

实验时,逆时针转动加载手轮,传感器受力,将数字传给数字测力仪,此数值即为作用在扇臂顶端的载荷值,扇臂顶端作用力传递至薄壁圆筒上,薄壁圆筒产生弯扭组合变形(薄壁圆筒材料为铝合金)。其弹性模量 $E = 72\,\text{GPa}$,泊松比 $\mu = 0.33$。薄壁圆筒的尺寸、受力如图 3.28 所示。

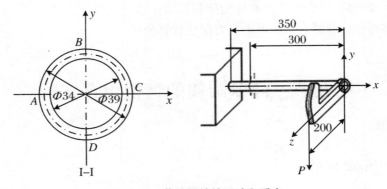

图 3.28　薄壁圆筒的尺寸和受力

Ⅰ-Ⅰ 截面为被测截面,由材料力学分析可知,该截面上的内力有弯矩、剪力和扭矩。取 Ⅰ-Ⅰ 截面的 A、B、C、D 4 个测点,其应力状态如图 3.29 所示。每点处已按 $-45°$、$0°$、$+45°$ 方向粘贴一枚三轴 $45°$ 的应变花,共 12 片应变片,分别记为 $R_1 \sim R_{12}$,如图 3.30 所示。

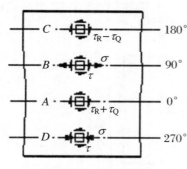

图 3.29　应力状态

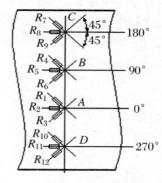

图 3.30　布片方式

四、实验内容和方法

（一）指定点的主应力大小和方向的测定

1. 理论值

（1）主应力大小。若截面Ⅰ-Ⅰ为被测位置，由应力状态分析可知，薄壁圆筒表面上的 B、D 两点处于平面应力状态，则截面上任一点（如 B 点）的应力状态如图 3.31 所示。

弯曲正应力 σ 和剪应力 τ 分别为

$$\sigma = \frac{M}{W_z}, \tau = \frac{T}{W_t}$$

其中，M 为弯矩，$M = P \cdot L_{\text{Ⅰ-Ⅰ}}$；$W_z$ 为抗弯截面

系数，对于空心圆筒：$W_z = \dfrac{\pi D^3}{32}\Big[1 - \Big(\dfrac{d}{D}\Big)^4\Big]$；$T$ 为

扭矩，$T = P \cdot h$；W_t 为抗扭截面系数，$W_t =$

$\dfrac{\pi D^3}{16}\Big[1 - \Big(\dfrac{d}{D}\Big)^4\Big]$。

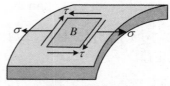

**图 3.31　薄壁圆筒表面 B 点的
应力状态**

在求得 σ 和 τ 后，可根据二向应力状态下主应力的解析式，分别计算出主应力的大小和方向的理论值。

（1）主应力大小

$$\sigma_{1,3} = \frac{\sigma}{2} \pm \sqrt{\Big(\frac{\sigma}{2}\Big)^2 + \tau^2}$$

（2）主应力方向

$$\tan 2\alpha_0 = -\frac{2\tau}{\sigma}$$

2. 实验值

选择薄壁圆筒Ⅰ-Ⅰ截面上的 A、B、C、D 4 点进行测量。将 A、B、C、D 4 点

位置上的每个应变片 $R_1 \sim R_{12}$ 分别接入应变仪的 12 个通道的 A、B 接线端,采用公共的温度补偿片,接入应变仪任一通道的 B、C 接线端,形成 12 个测量电桥电路,如图 3.32 所示。

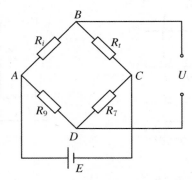

图 3.32　测量电桥

采用等量逐级加载,在每一次载荷作用下,分别测得 A、B、C、D 4 点的应变 ε_{-45°、ε_{0°、ε_{45°,可得主应变和主方向分别为

$$\varepsilon_{1,3} = \frac{\varepsilon_{-45^\circ} + \varepsilon_{45^\circ}}{2} \pm \frac{\sqrt{2}}{2} \sqrt{(\varepsilon_{-45^\circ} - \varepsilon_{0^\circ})^2 + (\varepsilon_{45^\circ} - \varepsilon_{0^\circ})^2} \tag{3.9.3}$$

主应力方向计算公式为

$$\tan 2\alpha_0 = \frac{\varepsilon_{45^\circ} - \varepsilon_{-45^\circ}}{(\varepsilon_{0^\circ} - \varepsilon_{-45^\circ}) - (\varepsilon_{45^\circ} - \varepsilon_{0^\circ})} \tag{3.9.4}$$

对于各向同性材料,主应变 ε_1、ε_3 和主应力 σ_1、σ_3 的方向一致。应用广义胡克定律

$$\begin{cases} \sigma_1 = \dfrac{E}{1-\mu^2}(\varepsilon_1 + \mu\varepsilon_3) \\ \sigma_3 = \dfrac{E}{1-\mu^2}(\varepsilon_3 + \mu\varepsilon_1) \end{cases} \tag{3.9.5}$$

可得 A、B、C、D 4 点的主应力大小的计算公式为

$$\sigma_{1,3} = \frac{E}{1-\mu^2}\left[\frac{1+\mu}{2}\sqrt{(\varepsilon_{-45^\circ} - \varepsilon_{0^\circ})^2 + (\varepsilon_{0^\circ} - \varepsilon_{-45^\circ})^2}\right]$$

(二) 测定由弯矩引起的正应力

1. 理论值

$$\sigma_{M理} = \frac{FL_{\text{I-L}}}{\pi D^3 (1-\alpha)^4 / 32} \tag{3.9.6}$$

其中,$\alpha = d/D$。

2. 实验值

选择薄壁圆筒 Ⅰ-Ⅰ 截面上的 B、D 两点进行测量。将 B、D 两点应变花的两个 0° 方向应变片 R_5 和 R_{11} 按如图 3.33 所示的半桥接法接入应变仪的任一通道,

可测得 B、D 两点由弯矩所引起的正应变

$$\varepsilon_M = \frac{\varepsilon_{ds}}{2} \qquad (3.9.7)$$

其中，ε_{ds} 为应变仪读数。由胡克定律得

$$\sigma_M = E\varepsilon_M = \frac{E\varepsilon_{ds}}{2} \qquad (3.9.8)$$

（三）测定由扭矩引起的切应力

1. 理论值

$$\tau_{T理} = \frac{Fh}{\pi D^3(1-\alpha^4)/16} \qquad (3.9.9)$$

2. 实验值

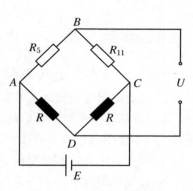

图 3.33　测量电桥

选择薄壁圆筒 Ⅰ-Ⅰ 截面上的 A、C 两点进行测量。将 A、C 两点应变花的 $45°$ 和 $-45°$ 两个方向应变片 R_1、R_3、R_7 和 R_9 按如图 3.34 所示的全桥接法接入应变仪的任一通道，可测得 A、C 两点由扭矩所引起的剪应变

$$\gamma_T = \frac{\varepsilon_{ds}}{2} \qquad (3.9.10)$$

其中，ε_{ds} 为应变仪读数。

由剪切胡克定律可求得扭矩引起的切应力

$$\tau_T = G\gamma_T = \frac{G\varepsilon_{ds}}{2} = \frac{E\varepsilon_{ds}}{4(1+\mu)} \quad (3.9.11)$$

（四）测定由剪力引起的切应力

1. 理论值

$$\tau_{剪} = \frac{FS_{zmax}}{I_z 2\delta} \qquad (3.9.12)$$

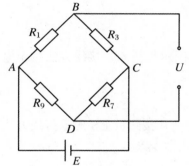

图 3.34　测量电桥

其中，$S_{zmax} = \dfrac{D^3 - d^3}{12}$。

2. 实验值

选择薄壁圆筒 Ⅰ-Ⅰ 截面上的 A、C 两点进行测量。将 A、C 两点应变花的 $45°$ 和 $-45°$ 两个方向应变片 R_1、R_3、R_7 和 R_9 按如图 3.35 所示的全桥接法接入应变仪的任一通道，可测得 A、C 两点由剪力所引起的剪应变

$$\gamma_Q = \frac{\varepsilon_{ds}}{2} \qquad (3.9.13)$$

其中，ε_{ds} 为应变仪读数。

由剪切胡克定律可求得剪力引起的切应力：

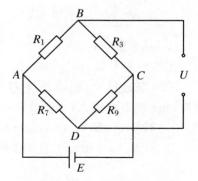

图 3.35　测量电桥

$$\tau_Q = G\gamma_Q = \frac{G\varepsilon_{ds}}{2} = \frac{E\varepsilon_{ds}}{4(1 + \mu)} \tag{3.9.14}$$

五、实验步骤

（一）主应力大小及方向测量

1. 接通电阻应变仪和实验装置电源。

2. 接线方式：单臂半桥（多点）测量法。将薄壁圆筒上 A、B、C、D 各点的应变花 $R_1 \sim R_{12}$ 按图示接线方法接至电阻应变仪测量通道上。

3. 将电阻应变仪和电阻应变片的灵敏系数调整一致。

4. 连接电阻应变仪 C 点的短接片旋紧。

5. 将电阻应变仪各测量通道置零。

6. 加载方案：$F_0 = 0.05$ kN，$\Delta F = 0.10$ kN，$F_{max} = 0.45$ kN。

7. 加载测量：按加载方案逐级加载，记录各级加载载荷作用下的应变仪的读数。

8. 卸掉载荷，并取下各电桥接线。

（二）测量弯矩应力 σ_w

将薄壁圆筒上 B、D 两点 $0°$ 方向上的应变片按图示半桥测量接线方法接至电阻应变仪测量通道上，再重复上述 5、6、7、8 几个步骤。

（三）测量扭矩应力 τ_n

将薄壁圆筒上 A、C 两点 $45°$、$-45°$ 方向上的应变片按图示全桥测量接线方法接至电阻应变仪测量通道上，再重复上述 5、6、7、8 几个步骤。

（四）测量切应力 τ_Q

将薄壁圆筒上 A、C 两点 $45°$、$-45°$ 方向上的应变片按图示全桥测量接线方法接至电阻应变仪测量通道上，再重复上述 5、6、7、8 几个步骤。

六、实验数据处理

1. 基本数据：

（1）材料常数：弹性模量 $E = 70$ GPa，泊松比 $\mu = 0.33$。

（2）装置尺寸：圆筒外径 $D = 40$ mm，圆筒内径 $d = 34$ mm，加载臂长 $h = 200$ mm，测点位置 $L_{I-I} = 300$ mm。

2. 计算 A、B、C、D 4 点的主应力大小和方向。

3. 计算 I-I 截面上分别由弯矩、剪力、扭矩所引起的应力。

第四章

综合性和设计性实验

第一节　应变片粘贴实验

一、实验目的

1. 初步掌握常温电阻应变片的粘贴技术。
2. 初步掌握导线焊接技术。
3. 了解应变片的防潮和检查等工作方法。

二、实验设备

1. 常温电阻应变片。
2. 温度补偿片。
3. 等强度梁试件。
4. 数字万用表(测量应变片电阻值)。
5. 501 或 502 粘结剂。
6. 硅橡胶密封剂。
7. 丙酮、药棉、细砂纸、划针、镊子、测量导线、接线叉、接线端子片。

三、实验步骤

1. 目测电阻应变片有无折痕、断丝等缺陷,有缺陷的应变片不能粘贴,必须更换。

2. 用数字万用表或电桥精确测量应变片电阻值的大小。注意:不要用手或不干净的物品直接接触应变片基底。测量时应放在干净的桌面上,不能使其受力,应保持平直。记录下各个应变片的阻值,要求应变片阻值精确到小数点后一位。对于标称电阻为 120 Ω 的应变片,测量时数字万用表必须打到 200 Ω 挡位上。所测电阻值为原始电阻。要求同一电桥中各应变片之间阻值相差均不得大于 0.5 Ω,否则需要更换。

3. 试件表面处理:实验所用试件为等强度梁,为了粘贴牢固,必须对试件表面进行处理。

(1) 在等强度梁选择好贴片位置,用细纱纸打磨干净,要求打磨成 45°交叉线,若等强度梁上有以前贴好的应变片,则先用小刀铲掉。应变片为一次性消耗材料,粘贴后再取下来不能再用。

(2) 用酒精棉球反复擦洗粘贴处,直到棉球无黑迹为止。

（3）如图 4.1 所示布片方式，在贴片处划出十字线，作为贴片坐标，再用棉球擦一下。

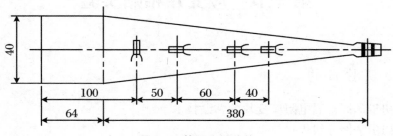

图 4.1　等强度梁试件

4. 应变片粘贴

在 502 粘结剂瓶口打一小细孔（用大头针），只需流出少量胶液，一只手用镊子镊住应变片的引出线，一只手拿 502 粘结剂瓶，将瓶口向下，在应变片基底底面涂抹一层薄薄的粘结剂，立即将应变片底面向下平放在试件贴片处，并使应变片的基准对准定位线。将一小片聚四氟乙烯薄膜覆盖在应变片上，用手指轻柔和滚压挤出多余的粘结剂，滚压时不要使应变片移动，以免错位，按压约一分钟，使应变片和试件完全贴合后再松开。由应变片无引线一端开始向有引线一端缓慢揭掉薄膜，用力方向尽量与粘贴表面平行，防止将应变片带起。随后检查有无气泡、翘曲和脱胶等现象，否则需要重新粘贴。

粘贴时注意事项：

（1）粘结剂不要用的过多或过少，过多会使胶层过厚影响应变片性能；过少则粘贴不牢固，不能准确传递应变。

（2）用力挤压粘结剂时不要用力过度。

（3）不要被 502 粘结剂粘住手，如被粘住可用丙酮泡洗。

（4）502 粘结剂有刺激性，不宜过多吸入，切记不要用粘 502 胶水的手揉擦眼睑。

5. 粘贴质量的检查

（1）目测或用放大镜检查应变片是否粘牢，有无气泡、翘起等现象。

（2）用万用表检查电阻值。正常情况下，阻值与未贴片前的相差无几。

6. 焊线

应变片的引出线与测量导线之间用接线端子片来连接。用 502 粘结剂将接线端子粘贴于距离应变片有引出线一端约 3 mm 处，应变片的引出线焊接在接线端子片的一端，再将导线焊接在接线端子片的另一端。如图 4.2 所示。

焊点要求光滑小巧，防止虚焊。焊接时要迅速，时间不宜过长。焊接过程中要轻拉应变片的引出线，用力过大会把引出线从敏感栅的焊点拉脱，造成贴片损坏。将导线编号记下，待下一次实验测量其结果。

7. 用兆欧表检查应变片与试件之间的绝缘组织,应大于 100 MΩ。

8. 应变片保护:用硅橡胶密封剂覆于应变片上,防止受潮。

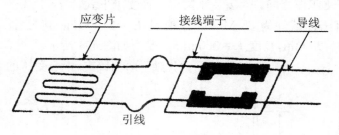

图 4.2 应变片的焊接图示

四、思考题

1. 简述贴片、接线、检查等主要步骤。

2. 画出布片方式和编号图。

第二节 压杆稳定实验

一、实验目的

1. 观察并用电测法确定两端铰支以及一端铰支的一端固定约束条件下细长压杆的临界力 F_{ij}。

2. 理论计算上述两种约束条件下细长压杆的临界力 F_{ij},并与实验测试值进行比较。

二、实验仪器和设备

1. 拉压实验装置。

2. 矩形截面压杆一根(已粘贴应变片)。

3. YJ - 4501A 静态数字电阻应变仪。

三、实验原理和方法

拉压实验装置如图 4.3,它是由座体、轮加载系统、支承架、活动横梁、传感器和测力

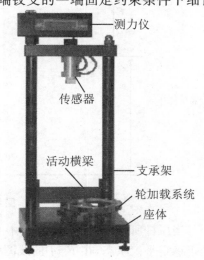

图 4.3 拉压实验装置

仪等部分组成的。

　　通过手轮调节活动横梁移动,将已粘贴好应变片的矩形截面压杆试件安装在上支承座和下支承座之间,上、下支承座可变换支承形式。

　　矩形截面压杆试件为 65 Mn,弹性模量 $E = 210$ GPa,其尺寸为:厚度 $h = 3$ mm,宽度 $b = 20$ mm,长度 $L = 350$ mm。受力如图 4.4 所示。

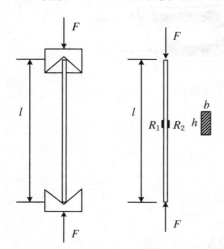

图 4.4　矩形截面压杆受力图

对于两端铰支、中心受压的细长杆,其临界压力为

$$F_{ij} = \frac{\pi^2 E I_{min}}{l^2} \qquad (4.2.1)$$

对于两端固定支撑的中心受压细长杆,其临界压力为

$$F_{ij} = \frac{\pi^2 E I_{min}}{(l/2)^2} \qquad (4.2.2)$$

其中,l 为压杆长度;I_{min} 为压杆截面的最小惯性矩。

　　假设理想压杆(两端铰支)以压力 F 为纵坐标,压杆中点挠度 f 为横坐标,按照小挠度理论绘出 F - f 曲线,如图 4.5 所示。图中 CD 段直线所对应的力 F_{ij} 即为压杆的临界压力:

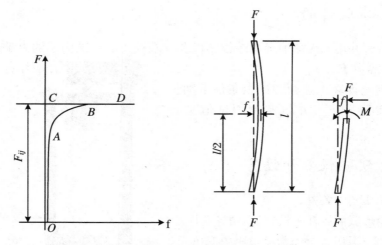

图 4.5　F - f 曲线

　　当压杆所受压力 $F \leqslant F_{ij}$ 时,中心受压的细长杆在理论上保持直线形状,杆件处于稳定平衡状态,在 F - f 曲线图中即为 OC 段直线。

　　当压杆所受压力 $F \geqslant F_{ij}$ 时,杆件因丧失稳定而弯曲,在 F - f 曲线图中即为

CD 段直线。由于试件可能有初始曲率,可能存在偏心压缩,以及材料不均匀等因素,实际的压杆不可能完全符合中心受压的理想状态。在实验过程中,即使压力很小时,杆件也会发生微小的弯曲,中心挠度随压力的增加而增大。

若令压杆轴线为 x 坐标,压杆下端点为坐标轴原点,则在 $x = l/2$ 处横截面上的内力为

$$M_{x=\frac{l}{2}} = Ff \tag{4.2.3}$$

$$N = -F \tag{4.2.4}$$

横截面上的应力为

$$\sigma = -\frac{F}{A} \pm \frac{My}{I_{\min}} \tag{4.2.5}$$

在 $x = \dfrac{l}{2}$ 处沿压杆轴线粘贴两片电阻应变片,如图 4.6 所示半桥测量电路接至电阻应变仪上可以消除轴向力产生的应变,此时,应变仪测得的应变只是由弯矩 M 引起的应变,且是弯矩 M 引起应变的两倍,即

$$\sigma_M = \frac{\varepsilon_{\mathrm{ds}}}{2} \tag{4.2.6}$$

由此可测得测试点处弯曲正应力为

$$\sigma = \frac{M\dfrac{h}{2}}{I_{\min}} = \frac{Ff\dfrac{h}{2}}{I_{\min}} = E\varepsilon_M = E\frac{\varepsilon_{\mathrm{ds}}}{2} \tag{4.2.7}$$

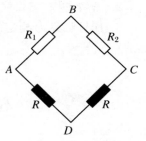

图 4.6 测量电桥

同时,可导出 $x = \dfrac{l}{2}$ 处压杆挠度 f 与应变仪读数应变之间的关系式为

$$f = \frac{EI_{\min}}{Fh}\varepsilon_{\mathrm{ds}} \tag{4.2.8}$$

由式(4.2.8)可知,在一定力 F 的作用下,应变仪的读数 $\varepsilon_{\mathrm{ds}}$ 的大小反映了压杆挠度 f 的大小,可将 F-f 曲线图中的挠度 f 横坐标用应变仪读数 $\varepsilon_{\mathrm{ds}}$ 来替代,绘制 F-$\varepsilon_{\mathrm{ds}}$ 曲线图。

当 $F \ll F_{ij}$ 时,随力 F 的增加应变 $\varepsilon_{\mathrm{ds}}$ 也增加,但增加得极为缓慢(OA 段);而当力 F 趋近于临界力 F_{ij} 时,应变 $\varepsilon_{\mathrm{ds}}$ 急剧增加(AB 段),曲线 AB 是以直线 CD 为渐近线的。因此,可以根据渐近线 CD 的位置来确定临界力 F_{ij}。

四、实验步骤

1. 在压杆两端安装铰支撑(或两端安装固定支撑)。
2. 接通测力仪电源,打开测力仪开关。
3. 按照图示半桥测量电路将应变片导线接至应变仪上。
4. 将电阻应变仪和电阻应变片的灵敏系数调成一致。

5. 当 $F=0$ 时,将电阻应变仪各测量通道置零。

6. 旋转手轮对压杆施加载荷,分级加载,并记录 F 值和 ε_{ds} 值。当 $F\ll F_{ij}$ 时,分级可以粗些;当接近 F_{ij} 时,分级要细,直至压杆有明显弯曲变形,应变不超过 1 000 $\mu\varepsilon$。

五、实验数据处理

1. 绘制各种支撑条件下的 F-ε_{ds} 曲线图,确定相应的临界测试值 F_{ij}。
2. 计算各种支撑条件下的临界值 F_{ij}。

六、思考题

1. 不用约束支撑条件下,细长压杆失稳时的变形特征有何不同?
2. 若铰支撑(刀口式、圆柱式)形式不同,对压杆临界力测试结果有何影响?
3. 压杆临界力测定结果和理论计算结果之间的误差主要是由哪些因素引起的?

第三节　偏心拉伸实验

一、实验目的

1. 测定如图 4.7 所示试件,沿 A-A' 段加载时,即偏心拉伸时的拉伸应力和弯曲应力。

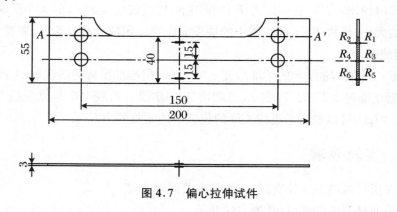

图 4.7　偏心拉伸试件

2. 测定如图 4.6 所示试件,沿 A-A' 段加载时,即偏心拉伸时横截面中性轴的位置。

3. 实验结果与理论值进行比较分析。

二、实验仪器和设备

1. 拉压实验装置一台。
2. YJ-4501 静态数字电阻应变仪一台。
3. 偏心拉伸试件一根(已粘贴好应变片)。

三、实验原理

拉压实验装置如图 4.8 所示,它由座体、涡轮加载系统、支承框架、移动横梁、传感器和测力仪等组成。通过手轮调节传感器和移动横梁中间的距离,将万向接头和已粘贴好应变片的偏心试件安装在上、下夹具中间。

若载荷作用在试件的对称轴线上,则此时试件横截面上只有拉伸应力,应力为

$$\sigma = \frac{F}{S} \tag{4.3.1}$$

其中,F 为作用在试件上的力;S 为试件横截面面积。

若沿 $A-A'$ 段加载,则此时试件受偏心拉伸,横截面上既有拉伸应力,又有弯曲应力,应力理论值为

$$\sigma = \frac{F}{S} \pm \frac{M}{I_z}y \tag{4.3.2}$$

其中,M 为 $0.02F$;I_z 为形心轴惯性矩;y 为矩形心轴距离(如图 4.9 所示)。

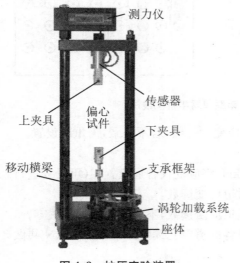

图 4.8　拉压实验装置

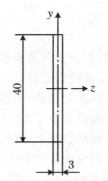

图 4.9　偏心拉伸试件截面图

偏心拉伸试件材料弹性模量为 70 GN(m²)。偏心拉伸试件上共粘贴有 6 片应变片,粘贴位置如图 4.7 所示,并已两两串联,如图 4.10(a)所示。另有一个补偿

块,补偿块上共粘贴 4 片应变片,其中绿线为两片应变片串联线,如图 4.10(b)所示。

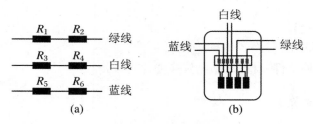

图 4.10　工作片和温度补偿块

四、实验步骤

1. 首先将偏心拉伸试件安装至拉压实验装置的上、下夹具间,并通过试件对称轴。

2. 接通测力仪电源,将测力仪开关打开。

3. 如图 4.11 所示,将应变片采用串联单臂半桥接线法,接至应变仪各通道上。

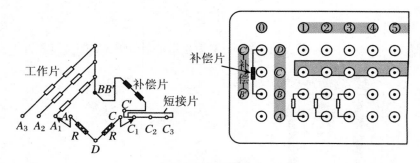

图 4.11　串联单臂半桥接线法

4. 检查应变仪灵敏系数是否与应变片一致,若不一致,需重新设置。

5. 实验数据记录:

(1) 加初始载荷,初载荷取 0.3 kN,将应变仪各通道置零(可反复进行)。

(2) 加载荷至 1.3 kN,记录各通道应变读数。

(3) 载荷退至 0.3 kN,记录各通道应变读数,不为零时需重新置零。

(4) 再次加载荷至 1.3 kN,记录各通道应变读数。0.3~1.3 kN 共做 3 遍,即记录 3 遍数据。

6. 换偏心拉伸试件受力位置,沿 $A-A'$ 段加载,重复实验步骤 5。

五、实验结果处理

1. 根据实验数据,算出偏心拉伸时的拉伸应力、弯曲应力和横截面中性轴的位置。

2. 理论计算试件偏心拉伸时的拉伸应力、弯曲应力和横截面中性轴的位置。

3. 比较、分析实验结果与理论计算值的差异。

六、思考题

1. 本实验若不采用通过试件对称轴和通过偏心(沿 $A-A'$)的两次加载方式,是否能分离出由轴力引起的应力和由弯矩引起的应力?

2. 本实验采用串联单臂半桥连接方式,可解决测试中出现的什么问题?

3. 当通过试件对称轴加载时,3 组应变片(R_1 与 R_2,R_3 与 R_4,R_5 与 R_6)读数应变是否应该相同?

4. 本实验若不采用串联单臂半桥连接的方式,还可以采用什么组桥连接方式?

第四节　方框拉伸实验

一、实验目的

1. 测定方框试件(如图 4.12 所示)AB 区域内表面和外表面的应变分布。

2. 测定方框试件 $A-A'$ 截面分别由轴力引起的应变和弯矩引起的应变。

3. 实验结果与理论值进行比较、分析。

二、实验仪器和设备

1. 拉压实验装置一台。

2. YJ‐4501A 静态数字电阻应变仪一台。

3. 方框试件一个(已粘贴好应变片)。

三、实验原理

已粘贴好应变片的方框试件如图 4.12 所示。通过手轮调节传感器和移动横梁之间的距离,将万向接头和方框试件安装在拉压实验装置的上、下夹具中间。

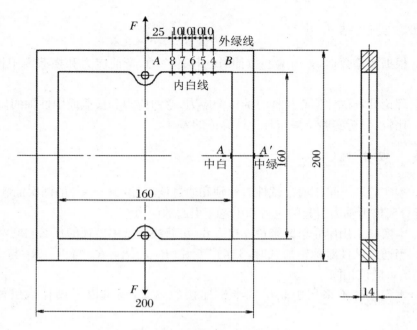

图 4.12　试件尺寸及贴片位置

若载荷 F 作用在方框试件的对称轴线上,此时试件 $A-A'$ 截面既有轴力,又有弯矩,如图 4.13 所示,引起的正应力为

$$\sigma_{A\max} = \frac{M_A}{W_Z} + \frac{F}{2S} \tag{4.4.1}$$

$$\sigma_{A\min} = -\frac{M_A}{W_Z} + \frac{F}{2S} \tag{4.4.2}$$

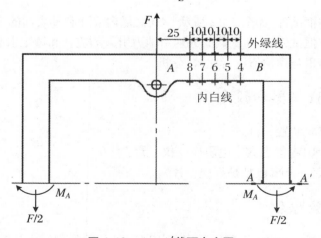

图 4.13　$A-A'$ 截面内力图

其中,$M_A = \dfrac{Fl_1}{8}\left(\dfrac{l_1 I_2}{l_1 I_2 + l_2 I_1}\right)$ 为 $A - A'$ 截面弯矩,$l_1 = l_2 = 180\text{ mm}$,$I_1 = I_2 = \dfrac{bh^3}{12}$;$W_z$ 为 $A - A'$ 截面的抗弯截面模量;S 为 $A - A'$ 截面的横截面面积。

方框试件弹性模量 $E = 70\text{ GPa}$,应变片粘贴位置如图 4.12 所示,根据测试的要求组成测量电桥。

四、实验步骤

1. 首先将方框试件安装至拉压实验装置的上、下夹具之间。

2. 接通测力仪电源,打开测力仪开关。

3. 将应变片按单臂半桥公共补偿接线方法接至应变仪各通道上。

4. 检查应变仪灵敏系数是否与应变片一致,若不一致,需重新设置。

5. 实验数据记录:

(1) 加初始载荷,初始载荷取 0.3 kN,将应变仪各通道置零(可反复进行)。

(2) 加载荷至 1.3 kN,记录各通道应变读数。

(3) 载荷退至 0.3 kN,记录各通道应变读数,不为零时需重新置零。

(4) 再次加载荷至 1.3 kN,记录各通道应变读数。0.3～1.3 kN 共做 3 遍,即记录 3 遍数据。

6. 将 $A - A'$ 截面应变片按双臂半桥接线方法接至应变仪上,按实验步骤 5 进行实验。

7. 将 $A - A'$ 截面应变片按对臂全桥接线方法接至应变仪上,按实验步骤 5 进行实验。

五、实验结果处理

1. 根据实验数据,画出 AB 区域方框内表面和外表面的应变分布图,分析零应变出现的位置。

2. 根据实验数据分别计算 $A - A'$ 截面轴力、弯曲引起的正应力。

3. 根据实验数据计算 $A - A'$ 截面最大、最小正应力。

4. 比较、分析 $A - A'$ 截面实验结果与理论计算的差异。

六、思考题

本实验是否可以同时测定方框试件 $A - A'$ 截面中分别由轴力引起的应变和弯矩引起的应变? 请提供布片方案。

第五节　圆框拉伸实验

一、实验目的

1. 测定圆框试件(如图 4.14 所示)$0°\sim60°$圆框内表面和外表面的切向应变分布,分析切向应变的变化趋势,确定零应变位置。

2. 测定圆框试件 $A-A'$ 截面分别由轴力引起的应变和弯矩引起的应变。

3. 实验结果与理论值进行比较、分析。

二、实验仪器和设备

1. 拉压实验装置一台。

2. YJ‐4501A 静态数字电阻应变仪一台。

3. 圆框试件一个(已粘贴好应变片)。

三、实验原理

通过调节拉压实验装置的手轮调节传感器与移动横梁之间的距离,将万向接头和已粘贴好应变片的圆框试件(如图 4.14 所示)安装在上、下夹具中间。

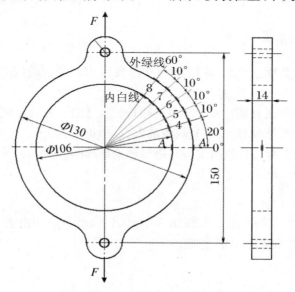

图 4.14　试件尺寸及贴片位置

若载荷 F 作用在圆框试件的对称轴线上,此时试件 $A-A'$ 截面既有轴力,又有弯矩(如图 4.15 所示),引起的正应力为

$$\sigma_{A\max} = \frac{M_A}{W_z} + \frac{F}{2S} \tag{4.5.1}$$

$$\sigma_{A\min} = -\frac{M_A}{W_z} + \frac{F}{2S} \tag{4.5.2}$$

其中,F 为作用在圆框试件上的力;M_A 为 $A-A'$ 截面弯矩,$M_A = FR_0\left(\frac{1}{2} - \frac{1}{\pi}\right)$,$R_0 = 59\ \text{mm}$;$W_z$ 为 $A-A'$ 截面的抗弯截面模量;S 为 $A-A'$ 截面的横截面面积。

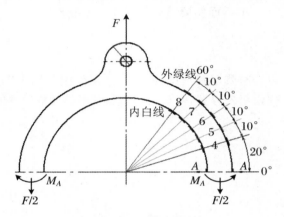

图 4.15 截面内力

圆框试件弹性模量为 $E = 70\ \text{GPa}$。圆框试件应变片粘贴位置如图 4.14 所示。根据测试的要求组成测量电桥。

四、实验步骤

1. 首先将圆框试件安装至拉压实验装置的上、下夹具之间。

2. 接通测力仪电源,打开测力仪开关。

3. 将应变片按单臂半桥公共补偿接线方法接至应变仪各通道上。

4. 检查应变仪灵敏系数是否与应变片一致,若不一致,需重新设置。

5. 实验数据记录:

(1) 加初始载荷,初始载荷取 0.3 kN,将应变仪各通道置零(可反复进行)。

(2) 加载荷至 1.3 kN,记录各通道应变读数。

(3) 载荷退至 0.3 kN,记录各通道应变读数,不为零时需重新置零。

(4) 再次加载荷至 1.3 kN,记录各通道应变读数。0.3～1.3 kN 共做 3 遍,即记录 3 遍数据。

6. 将 $A-A'$ 截面应变片按双臂半桥接线方法接至应变仪上,按实验步骤 5 进行实验。

7. 将 A-A' 截面应变片按对臂全桥接线方法接至应变仪上,按实验步骤 5 进行实验。

五、实验结果处理

1. 根据实验数据,画出 $0°$～$60°$ 圆框内表面和外表面切向应变分布图,确定零应变的位置。

2. 根据实验数据分别计算 A-A' 截面轴力、弯矩引起的正应力。

3. 根据实验数据计算 A-A' 截面最大、最小正应力。

4. 比较、分析 A-A' 截面实验结果与理论计算的差异。

六、思考题

本实验是否可以同时测定圆框试件 A-A' 截面中分别由轴力引起的应变和弯矩引起的应变? 提供组桥方案,并写出轴力和弯矩与读数应变的关系式。

附　录

一、误差分析和实验数据处理

用各种实验方法测量力、位移、应力、应变等物理量时,不可避免地存在实验误差。充分研究科学实验和测量过程中存在的误差,具有重要的意义:

1. 正确认识误差的性质,分析其产生的原因,以减小误差或消除某些误差。

2. 正确处理数据,以便得到接近真值的数据和结果。

3. 合理设计和组织实验,正确选用仪器与测量方法,在一定条件下,得到最佳结果。

(一)真值、实验值、理论值和误差

1. 真值

客观上存在的某个物理量的真实数值。例如实际存在的力、位移、长度等数值,需要用实验方法测量,但由于仪器、方法、环境和人的观察力都不是绝对完美无缺的,所以严格说来真值是无法测得的,我们只能测得真值的近似值。

(1)理论真值:如固体力学中对某些问题严格的理论解,数学、物理中理论公式表达值等。

(2)相对真值(或约定真值):高一档仪器的测量值是低一档仪器的相对真值或约定真值。

(3)最可信赖值:某物理量多次测量值的算术平均值。

2. 实验值

实验值是用实验方法测量得到的某个物理量的数值,如用测力计测量构件所受的力。

3. 理论值

理论值是用理论公式计算得到的某个物理量的数值,如用材料力学公式计算梁表面的应力。

4. 误差

实验误差是实验值与真值的差值。理论误差是理论值与真值的差值。

（二）实验误差的分类

根据误差的性质及其产生的原因可分为三类：

1. 系统误差

系统误差又称恒定误差，它是由某些固定不变的因素引起的误差，对测量值的影响总是有同一偏向或相近大小。例如，用未经校正的偏重的砝码称重，所得的重量数值总是偏小；又如，用应变仪测应变时，仪器灵敏系数放置偏大（比应变计灵敏系数值），则所测应变值总是偏小。

系统误差有固定偏向和一定的规律性，可根据具体原因采用校准法和对称法予以校正和消除。

2. 随机误差

随机误差又称偶然误差，它是由不易控制的多种因素造成的误差，有时大、有时小，有时正、有时负，没有固定的大小和偏向。随机误差的数值一般都不大，不可预测但服从统计规律。误差理论就是研究随机误差规律的理论。

3. 粗大误差

粗大误差又称过失误差，它是显然与实际不符的误差，无一定规律，误差值可以很大，主要是由于实验人员粗心、操作不当或过度疲劳造成的。例如读错刻度、记录或计算差错。此类误差只能靠实验人员认真细致地操作和加强校对才能避免。

（三）随机误差的表示法

1. 算术平均值 X_a

算术平均值

$$X_a = \frac{1}{n}\left(\sum_{i=1}^{n} X_{mi}\right) \tag{I.1}$$

其中，X_{mi} 为测量值；i 表示某一次数；n 是测量次数，当 $n \to \infty$ 时，$X_a \to X_t$，X_t 表示真值。

2. 标准误差 S

（1）测量值误差

$$\delta_i = X_{mi} - X_t \tag{I.2}$$

（2）标准误差

$$S = \sqrt{\frac{\sum\limits_{i=1}^{n} \delta_i^2}{n}} \tag{I.3}$$

标准误差是各测量值误差平方和的平均值的平方根，又叫均方根误差，它对较大或较小的误差反应比较灵敏，是较好地表示测量精度的一种方法。

3．有限测量次数的标准误差

当测量次数无限多时算术平均值 X_a 才是真值 X_t，而测量次数有限时，X_a 只是近似真值。

设测量值偏差 $\alpha_i = X_{mi} - X_a$，它与误差 $\delta_i = X_{mi} - X_t$ 不等，由测量中正负误差出现的概率相等可得

$$\sum_{i=1}^{n} \alpha_i^2 = \frac{n-1}{n} \sum_{i=1}^{n} \delta_i^2 \tag{I.4}$$

由式（I.4）可知，在有限测量次数中，用算术平均值计算的偏差平方和永远小于用真值计算的误差平方和，由此得出有限测量次数的标准误差计算公式：

$$S = \sqrt{\frac{\sum\limits_{i=1}^{n} \delta_i^2}{n}} = \sqrt{\frac{\sum\limits_{i=1}^{n} \alpha_i^2}{n-1}} = \sqrt{\frac{\sum\limits_{i=1}^{n} (X_{mi} - X_a)^2}{n-1}} \tag{I.5}$$

（四）误差的传递

在实验中，对长度、质量、位移等物理量能直接测量，但对应力、弹性模量等物理量一般不能直接测量，必须通过一些能直接测量的物理量按一定公式计算求得。这样计算出的间接测量结果具有一定的误差，如何由直接测量的误差计算出间接测量的误差呢？这就是误差传递规律问题。

1．已知自变量误差求函数的误差

已知自变量误差求函数的误差，即已知直接测量误差求间接测量误差。

设函数 $y = f(x_1, x_2, \cdots, x_r)$，其自变量 $x_1, x_2, \cdots, x_r$ 为 r 个直接测量的物理量，其标准误差分别为 $S_1, S_2, \cdots, S_r$。

对 $x_1, x_2, \cdots, x_r$ 各做了 n 次测量，可算出 n 个 y 值

$$y = f(x_{1i}, x_{2i}, \cdots, x_{ri}) \quad (i = 1, 2, \cdots, n) \tag{I.6}$$

每次测量的误差为

$$\delta y_i = \left(\frac{\partial y}{\partial x_1}\right)\delta x_{1i} + \left(\frac{\partial y}{\partial x_2}\right)\delta x_{2i} + \cdots + \left(\frac{\partial y}{\partial x_r}\right)\delta x_{ri} \tag{I.7}$$

式（I.7）两边平方

$$\delta y_i^2 = \left(\frac{\partial y}{\partial x_1}\right)^2 \delta x_{1i}^2 + \left(\frac{\partial y}{\partial x_2}\right)^2 \delta x_{2i}^2 + \cdots$$

$$+ 2\left(\frac{\partial y}{\partial x_1}\right)\left(\frac{\partial y}{\partial x_2}\right)\delta_{1i}\delta x_{2i} + \cdots \quad (i = 1,2,\cdots,n) \qquad (\text{I}.8)$$

由于正负误差出现的概率相等,当 n 足够大时,将所有 δy_i^2 相加,非平方项对消得出

$$\sum_{i=1}^{n} \delta y_i^2 = \left(\frac{\partial y}{\partial x_1}\right)^2 \sum_{i=1}^{n} \delta x_{1i}^2 + \left(\frac{\partial y}{\partial x_2}\right)^2 \sum_{i=1}^{n} \delta x_{2i}^2 + \cdots + \left(\frac{\partial y}{\partial x_r}\right)^2 \sum_{i=1}^{n} \delta x_{ri}^2 \quad (\text{I}.9)$$

式(I.9)两边同时除以 n 再开方得标准误差

$$S_y = \sqrt{\left(\frac{\partial y}{\partial x_1}\right)^2 S_1^2 + \left(\frac{\partial y}{\partial x_2}\right)^2 S_2^2 + \cdots + \left(\frac{\partial y}{\partial x_r}\right)^2 S_r^2} \qquad (\text{I}.10)$$

相对标准误差

$$e_y = \frac{S_y}{y} = \sqrt{\left(\frac{1}{y} \cdot \frac{\partial y}{\partial x_1}\right)^2 S_1^2 + \left(\frac{1}{y} \cdot \frac{\partial y}{\partial x_2}\right)^2 S_2^2 + \cdots + \left(\frac{1}{y} \cdot \frac{\partial y}{\partial x_r}\right)^2 S_r^2}$$

$$(\text{I}.11)$$

若 $y = X_1, X_2, \cdots, X_r$,则$\dfrac{\partial y}{\partial x_1} = X_2, X_3, \cdots, X_r, \dfrac{\partial y}{\partial x_2} = X_1, X_3, \cdots, X_r, \cdots, \dfrac{\partial y}{\partial x_r} = X_1, X_2, \cdots, X_{r-1}$,即

$$e_y = \sqrt{e_1^2 + e_2^2 + \cdots + e_r^2}$$

其中,$e_1, e_2, \cdots, e_r$ 分别为 $X_1, X_2, \cdots, X_r$ 的相对标准误差。

2. 已知函数误差求自变量的误差

已知函数误差求自变量的误差,即给定间接测量值的误差求各直接测量值允许的最大误差。

通常当各实验测量值的误差难以估计时,可用等效传递原理,即假定各自变量的误差对函数误差的影响相等来解决。

$$S_y = \sqrt{\left(\frac{\partial y}{\partial x_1}\right)^2 S_1^2 + \left(\frac{\partial y}{\partial x_2}\right)^2 S_2^2 + \cdots + \left(\frac{\partial y}{\partial x_r}\right)^2 S_r^2} = \sqrt{r\left(\frac{\partial y}{\partial x_t}\right)^2 S_t^2} = \sqrt{r}\,\frac{\partial y}{\partial x_t} S_t$$

$$(\text{I}.12)$$

由此各自变量误差为

$$S_1 = \frac{S_y}{\sqrt{r}\left(\frac{\partial y}{\partial x_1}\right)}, S_2 = \frac{S_y}{\sqrt{r}\left(\frac{\partial y}{\partial x_2}\right)}, \cdots, S_r = \frac{S_y}{\sqrt{r}\left(\frac{\partial y}{\partial x_r}\right)} \qquad (\text{I}.13)$$

二、最小二乘法直线拟合

在处理实验数据时,常常要将实验获得的一系列数据点在直角坐标系上标出,这些点大致呈线性分布。为了使所连直线能尽可能多地代替所有数据点的分布规律,则要使所有数据点尽可能地对称且均匀地分布在直线两侧。由于目测有误差,所以同一组数据,不同的实验者可能描成不同的直线。这时就需要采用最小二乘法直线拟合。

设变量(x,y)满足以下关系式

$$y = a + bx \qquad\qquad (\text{II}.1)$$

其中,a、b 为任意实数。

设实验测出的 n 个数据点的坐标分别为$(x_1,y_1),(x_2,y_2),(x_3,y_3),\cdots,(x_n,y_n)$,且式(II.1)为各实验点的最佳拟合方程。将 x_i 分别代入式(II.1),可以得到相应的 y_i^*。即

$$y_i^* = a + bx_i \qquad\qquad (\text{II}.2)$$

令

$$\delta_i = y_i - y_i^* = y_i - (a + b \cdot x_i) \quad (i = 1,2,\cdots,n) \qquad (\text{II}.3)$$

根据最小二乘法原理,最佳的拟合直线是能够使各实验数据点与直线的偏差的平方和为最小的一条直线。

$$\theta = \sum \delta_i^2 = \sum [y_i - (a + b \cdot x_i)]^2 \quad (i = 1,2,3,\cdots,n) \qquad (\text{II}.4)$$

式(II.4)的值即为最小值。

用函数 θ 对 a、b 求偏导,令这两个偏导数等于零。即

$$\frac{\partial \theta}{\partial a} = 0, \quad \frac{\partial \theta}{\partial b} = 0 \qquad\qquad (\text{II}.5)$$

计算求得

$$\begin{cases} a = \dfrac{\sum y_i \sum x_i^2 - \sum x_i \sum x_i y_i}{n \sum x_i^2 - \left(\sum x_i\right)^2} \\[4mm] b = \dfrac{n \sum x_i y_i - \sum x_i \sum y_i}{n \sum x_i^2 - \left(\sum x_i\right)^2} \end{cases} \qquad (\text{II}.6)$$

得到最小二乘法拟合的直线方程为

$$y = \frac{\sum y_i \sum x_i^2 - \sum x_i \sum x_i y_i}{n \sum x_i^2 - \left(\sum x_i\right)^2} + \frac{n \sum x_i y_i - \sum x_i \sum y_i}{n \sum x_i^2 - \left(\sum x_i\right)^2} \cdot x \qquad (\text{II}.7)$$

三、常用材料的主要力学性能表

表 I.1　常用材料的主要力学性能表

材料名称	材料牌号	屈服极限 σ_s(MPa)	抗拉强度 σ_b(MPa)	抗剪强度 τ_b(MPa)	延伸率 δ(%)	弹性模量 E(GPa)
灰铸铁	HT15－3	—	98～275(拉) 250～657(压)	—	—	78～147
球墨铸铁	QT60－2	412	588	—	—	158
碳素钢	Q235	235	375～460	310～380	21～26	196～206
合金钢	25CrMnSiA 25CrMnSi	950	500～700	400－560	18	206
	30MnSiA 30MnSi	1450 850	550～750	440～6000	16	
不锈钢	1Crl3	420	400～470	320～380	21	210
	2rl3	450	400～500	320～400	20	210
	3rl3	480	500～600	400～480	18	210
	4rl3	500	500～600	400～480	15	210
铝锰合金	3A21	50	110～145	70～100	19	71
铝镁合金	SA02	100	180～230	130～160	—	70
铝镁铜合金	7A04	460	250	170	—	70

四、材料力学性能试验的相关国家标准

表 I.2　材料力学性能试验的相关国家标准

标准号	标准名称
GB/T 228.1 — 2010	金属材料 拉伸试验 第1部分:室温试验方法
GB/T 228.2 — 2015	金属材料 拉伸试验 第2部分:高温试验方法

标准号	标准名称
GB/T 229 — 2007	金属材料 夏比摆锤冲击试验方法
GB/T 230.1 — 2009	金属材料 洛氏硬度试验 第1部分:试验方法(A、B、C、D、E、F、G、H、K、N、T标尺)
GB/T 231.1 — 2009	金属材料 布氏硬度试验 第1部分:试验方法
GB/T 232 — 1999	金属材料 弯曲试验方法
GB/T 233 — 2000	金属材料 顶锻试验方法
GB/T 235 — 2013	金属材料 薄板和薄带 反复弯曲试验方法
GB/T 238 — 2013	金属材料 线材 反复弯曲试验方法
GB/T 239.1 — 2012	金属材料 线材 第1部分:单向扭转试验方法
GB/T 239.2 — 2012	金属材料 线材 第2部分:双向扭转试验方法
GB/T 241 — 2007	金属管 液压试验方法
GB/T 242 — 2007	金属管 扩口试验方
GB/T 244 — 2008	金属管 弯曲试验方法
GB/T 245 — 2008	金属管 卷边试验方法
GB/T 246 — 2007	金属管 压扁试验方法
GB/T 1172 — 1999	黑色金属硬度及强度换算值
GB/T 2038 — 1991	金属材料延性断裂韧度 JIC 试验方法
GB/T 2039 — 2012	金属材料 单轴拉伸蠕变试验方法
GB/T 2107 — 1980	金属高温旋转弯曲疲劳试验方法
GB/T 2358 — 1994	金属材料裂纹尖端张开位移试验方法
GB/T 2975 — 1998	钢及钢产品力学性能试验取样位置及试样制备
GB/T 3075 — 2008	金属材料 疲劳试验 轴向力控制方法
GB/T 3250 — 2007	铝及铝合金铆钉线与铆钉剪切试验方法及铆钉线铆接试验方法
GB/T 3251 — 2006	铝及铝合金管材压缩试验方法
GB/T 3252 — 1982	铝及铝合金铆钉线与铆钉剪切试验方法
GB/T 3771 — 1983	铜合金硬度和强度换算值
GB/T 4156 — 2007	金属材料 薄板和薄带埃里克森杯突试验
GB/T 4158 — 1984	金属艾氏冲击试验方法
GB/T 4160 — 2004	钢的应变时效敏感性试验方法(夏比冲击法)

续表

标准号	标准名称
GB/T 4161—2007	金属材料 平面应变断裂韧度 KIC 试验方法
GB/T 4337—2008	金属材料 疲劳试验 旋转弯曲方法
GB/T 4338—2006	金属材料高温拉伸试验方法
GB/T 4340.1—2009	金属材料 维氏硬度试验 第1部分:试验方法
GB/T 4340.2—2012	金属材料 维氏硬度试验 第2部分:硬度计的检验与校准
GB/T 4340.3—2012	金属材料 维氏硬度试验 第3部分:标准硬度块的标定
GB/T 4341.1—2014	金属材料 肖氏硬度试验 第1部分:试验方法
GB/T 5027—2007	金属材料 薄板和薄带塑性应变比(r 值)的测定
GB/T 5028—2008	金属材料薄板和薄带拉伸应变硬化指数(n 值)的测定
GB/T 5482—2007	金属材料动态撕裂试验方法
GB/T 6398—2000	金属材料疲劳裂纹扩展速率试验方法
GB/T 6400—2007	金属材料 线材和铆钉剪切试验方法
GB/T 7314—2005	金属材料室温压缩试验方法

五、材料力学主要符号表

表 I.3　材料力学主要符号表

性能名称	符号	性能名称	符号
长度	L	上屈服点	σ_{sU}
高度	h、H	下屈服点	σ_{sL}
半径	r、R	抗拉强度	σ_b
直径	d、D	规定非比例伸长应力	σ_p,$\sigma_{t0.2}$
面积	A	分布荷载	q
角度	θ	剪应变	γ
转角	φ	扭矩引起的剪应变	γ_T
阻值	R	切应力	τ
曲率	ρ	剪切屈服极限	τ_s
挠度	ω	剪切强度极限	τ_b

性能名称	符号	性能名称	符号
力的增量	ΔF	扭矩	T
屈服力	F_s	屈服扭矩	T_s
最大力	F_b	最大扭矩	T_b
临界压力	F_{lj}	弯矩	M
弹性模量	E	金属丝的灵敏系数	K_s
泊松比	μ	应变片的灵敏系数	K
剪切弹性模量	G	应变仪的灵敏系数	K_0
应变	ε	工作片	R_F
工作应变	ε_F	温度补偿片	R_T
温度应变	ε_T	A、B 间电压	U_{AB}
45°线应变	ε_{45}	断后延伸率	δ
应变仪读数	ε_{ds}	断面收缩率	ψ
横向应变	ε_x	截面极惯性矩	I_p
纵向应变	ε_y	抗扭截面模量	W_t
应力	σ	抗弯截面模量	W_z
屈服点	σ_s	中性轴的偏移量	e

实验报告

实验一　金属材料的拉伸实验报告

院系		专业班级		姓名		实验日期	
组号		同组成员				实验成绩	

一、实验目的

二、实验设备

三、实验数据和计算结果

1. 测定低碳钢试件拉伸时的力学性能

直径 d_0(mm)								
横截面1			横截面2			横截面3		
(1)	(2)	平均	(1)	(2)	平均	(1)	(2)	平均

试样尺寸		实验数据	
实验前：		屈服载荷 $P_s =$	(kN)
标距 $l_0 =$	(mm)	最大载荷 $P_b =$	(kN)
直径 $d_0 =$	(mm)	屈服应力 $\sigma_s = \dfrac{P_s}{A_0} =$	(MPa)
横截面面积 $A_0 =$	(mm^2)		
实验后：		抗压强度 $\sigma_b = \dfrac{P_b}{A_0} =$	(MPa)
标距 $l_1 =$	(mm)		
最小直径 $d_1 =$	(mm)	断后伸长率 $\delta = \dfrac{l_1 - l}{l} \times 100\% =$	
横截面面积 $A_1 =$	(mm^2)		
		断面收缩率 $\psi = \dfrac{A_0 - A_1}{A_0} \times 100\% =$	

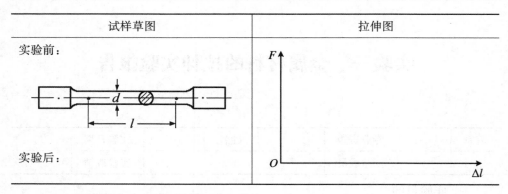

试样草图	拉伸图
实验前：	
	实验后：

2. 测定铸铁试件拉伸时的力学性能

直径 d_0（mm）								
横截面 1			横截面 2			横截面 3		
（1）	（2）	平均	（1）	（2）	平均	（1）	（2）	平均

试样尺寸	实验数据
实验前： 　直径 $d_0 =$ 　　　　　（mm） 　横截面面积 $A_0 =$ 　　　（mm²）	最大载荷 $P_b =$ 　　　　（kN） 抗拉强度 $\sigma_b = \dfrac{P_b}{A} =$ 　　（MPa）

试样草图	拉伸图
实验前：	
	实验后：

3. 两种材料的拉伸机械性能分析比较

低碳钢	铸铁

实验二 金属材料的压缩实验报告

院系		专业班级		姓名		实验日期	
组号		同组成员				实验成绩	

一、实验目的

二、实验设备

三、实验数据和计算结果

1. 实验数据

材料	低碳钢		灰铸铁	
试样尺寸	$d_0 =$ (mm)，$A_0 =$ (mm^2)		$d_0 =$ (mm)，$A_0 =$ (mm^2)	
	实验前	实验后	实验前	实验后
试样草图				
实验数据	屈服载荷 $p_s =$ (kN) 屈服应力 $\sigma_s = \dfrac{p_s}{A_0} =$ (MPa)		最大载荷 $p_{bc} =$ (kN) 抗压强度 $\sigma_{bc} = \dfrac{p_{bc}}{A_0} =$ (MPa)	
压缩图				

2. 两种材料的压缩机械性能分析比较

低碳钢	铸铁

实验三 金属材料的扭转实验报告

院系		专业班级		姓名		实验日期	
组号		同组成员				实验成绩	

一、实验目的

二、实验设备

三、实验数据和计算结果

1. 实验数据

材料	低碳钢		灰铸铁	
试样尺寸	$d_0 =$ (mm)，$A_0 =$ (mm²)		$d_0 =$ (mm)，$A_0 =$ (mm²)	
	实验前	实验后	实验前	实验后
试样草图				
实验数据	抗扭截面模量 $W_t =$ (m³) 屈服载荷 $T_s =$ (Nm) 破坏扭矩 $T_b =$ (Nm) 屈服极限 $\tau_s = \dfrac{3}{4} \cdot \dfrac{T_s}{W_t} =$ (MPa) 强度极限 $\tau_b = \dfrac{3}{4} \cdot \dfrac{T_b}{W_t} =$ (MPa)		抗扭截面模量 $W_t =$ (m³) 破坏扭矩 $T_b =$ (Nm) 强度极限 $\tau_b = \dfrac{T_b}{W_t} =$ (MPa)	

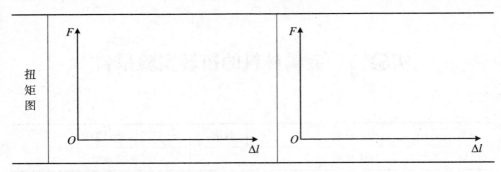

扭矩图

四、回答下列问题

1. 比较低碳钢、灰铸铁这两种材料的扭转破坏断口有何不同？为什么？

2. 两种材料的扭转机械性能分析比较

低碳钢	灰铸铁

实验四　应变测量组桥实验报告

院系		专业班级		姓名		实验日期	
组号		同组成员				实验成绩	

一、实验目的

二、实验设备

三、实验数据和计算结果

1. 实验装置数据

原始 数据	L(mm)	h(mm)	b(mm)	E(GPa)	W_z(m³)

2. 实验数据

测量方法 负荷		单臂多点半桥测量							
		R_1		R_2		R_3		R_4	
F(N)	ΔF(N)	$\varepsilon(\mu\varepsilon)$	$\Delta\varepsilon(\mu\varepsilon)$	$\varepsilon(\mu\varepsilon)$	$\Delta\varepsilon(\mu\varepsilon)$	$\varepsilon(\mu\varepsilon)$	$\Delta\varepsilon(\mu\varepsilon)$	$\varepsilon(\mu\varepsilon)$	$\Delta\varepsilon(\mu\varepsilon)$
$\overline{\Delta\varepsilon_{ds}}(\mu s)$									

测量 载荷		双臂半桥测量		对臂全桥测量		四臂全桥测量		串联双臂 半桥测量		并联双臂 半桥测量	
$F(N)$	$\Delta F(N)$	$\varepsilon(\mu\varepsilon)$	$\Delta\varepsilon(\mu\varepsilon)$	$\varepsilon(\mu\varepsilon)$	$\Delta\varepsilon(\mu\varepsilon)$	$\varepsilon(\mu\varepsilon)$	$\Delta\varepsilon(\mu\varepsilon)$	$\varepsilon(\mu\varepsilon)$	$\Delta\varepsilon(\mu\varepsilon)$	$\varepsilon(\mu\varepsilon)$	$\Delta\varepsilon(\mu\varepsilon)$
$\overline{\Delta\varepsilon_{ds}}(\mu\varepsilon)$											

3. 计算结果

	读数应变值	灵敏度 K	理论应变值	相对误差(%)
单臂半桥				
双臂半桥				
对臂全桥				
四臂全桥				
串联半桥				
并联半桥				

四、思考题

1. 采用串联或并联组桥方法,能否提高测量精度? 为什么?

2. 分析各种组桥方式中温度补偿的实现方式。

实验五　弹性模量 E 和泊松比 μ 的测定实验报告

院系		专业班级		姓名		实验日期	
组号		同组成员				实验成绩	

一、实验目的

二、实验设备

三、数据和计算结果

1. 试件尺寸

材料	厚 t(mm)	宽 b(mm)	截面面积 A_0(mm)

2. 实验数据和计算结果

序号	载荷 读数应变		轴向应变($\mu\epsilon$)		横向应变($\mu\epsilon$)	
	F	ΔF	ϵ_y	$\Delta\epsilon_y$	ϵ_x	$\Delta\epsilon_x$
初载						
1						
2						
3						
4						
5						
6						
7						
8						
均值	$\Delta F_{均}$		$\Delta\epsilon_{y均}$		$\Delta\epsilon_{x均}$	

（1）弹性模量 $E =$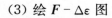

（2）泊松比 $\mu =$

（3）绘 $F - \Delta\varepsilon$ 图

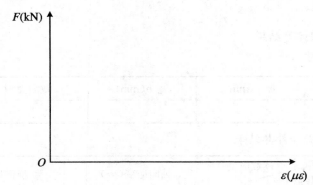

四、回答下列问题

1. 试件尺寸、形状对测定弹性模量 E 和泊松比 μ 有无影响?

2. 本实验为什么采用全桥接线法?

实验六 剪切弹性模量 *G* 的测定实验报告

院系		专业班级		姓名		实验日期	
组号		同组成员				实验成绩	

一、实验目的

二、实验设备

三、实验数据和计算结果

1. 试件尺寸

材料	直径(mm)	标距(mm)

2. 实验数据

读数\序号	扭矩(N·m)		转角(rad)		读数应变($\mu\epsilon$)	
	M_n	ΔM_n	φ	$\Delta\varphi$	ϵ_d	$\Delta\epsilon_d$
初载						
1						
2						
3						
4						
5						
6						
7						
8						
均值	$\Delta M_{n均}$		$\Delta\varphi_{均}$		$\Delta\epsilon_{d均}$	

3. 计算方法

(1) $G = \dfrac{\Delta M_{n均}}{\Delta \varphi_均} \dfrac{L}{I_P}$

(2) $G = 2 \dfrac{\Delta M_{n均}}{W_n \Delta \varepsilon_{d均}} L$

4. 计算理论值

$$G = \frac{E}{2(1+\mu)} =$$

5. 比较理论值与实验值,计算误差百分率

四、回答下列问题

1. 转角传感器安装于扭转试件中,若装夹不紧,对转角测量结果有无影响?

2. 本实验除采用全桥接线法外,能否采用其他接桥方式? 请画出其他桥路接线图。

实验七 纯弯曲梁的正应力实验报告

院系		专业班级		姓名		实验日期	
组号		同组成员				实验成绩	

一、实验目的

二、实验设备

三、实验数据和计算结果

1. 试件原始尺寸

梁试件的截面尺寸 $h =$ （mm）, $b =$ （mm）
支座与力作用点的距离 $a =$ （mm），弹性模量 $E =$ （GPa）

应变片到中性层的距离（mm）							
Y_1	Y_2	Y_3	Y_4	Y_5	Y_6	Y_7	Y_8

2. 实验数据

载荷 \ 应变片编号		1		2		3		4		5		6		7		8	
$P(kN)$	$\Delta P(kN)$	$\varepsilon(\mu\varepsilon)$	$\Delta\varepsilon(\mu\varepsilon)$	$\varepsilon(\mu\varepsilon)$	$\Delta\varepsilon(\mu\varepsilon)$	$\varepsilon(\mu\varepsilon)$	$\Delta\varepsilon(\mu\varepsilon)$	$\varepsilon(\mu\varepsilon)$	$\Delta\varepsilon(\mu\varepsilon)$	$\varepsilon(\mu\varepsilon)$	$\Delta\varepsilon(\mu\varepsilon)$	$\varepsilon(\mu\varepsilon)$	$\Delta\varepsilon(\mu\varepsilon)$	$\varepsilon(\mu\varepsilon)$	$\Delta\varepsilon(\mu\varepsilon)$
ε_d 增量均值$(\mu\varepsilon)$																

3. 计算结果

应变片号	应力实验值 （MPa）	误差（%）	泊松比 μ
1			
2			
3			
4			
5			
6			
7			

四、测试截面应力分布图

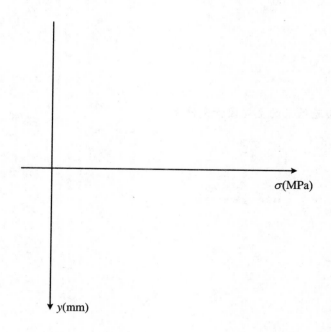

五、回答下列问题

1. 为什么要把温度补偿片贴在与构件相同的材料上？

2. 影响实验结果的主要因素是什么？

实验八　复合梁正应力分布规律实验报告

院系		专业班级		姓名		实验日期	
组号		同组成员				实验成绩	

一、实验目的

二、实验设备

三、实验数据和计算结果

1. 试件原始尺寸

	梁试件的截面尺寸 h、b(mm)	支座与力作用点的距离 a(mm)	弹性模量 E(GPa)
上梁			
下梁			

2. 实验数据

上　梁

应变片 载荷		R_{I1}		R_{I2}		R_{I3}		R_{I4}		R_{I5}		R_{I6}	
$P(\text{kN})$	$\Delta P(\text{kN})$	$\varepsilon(\mu\varepsilon)$	$\Delta\varepsilon(\mu\varepsilon)$	$\varepsilon(\mu\varepsilon)$	$\Delta\varepsilon(\mu\varepsilon)$	$\varepsilon(\mu\varepsilon)$	$\Delta\varepsilon(\mu\varepsilon)$	$\varepsilon(\mu\varepsilon)$	$\Delta\varepsilon(\mu\varepsilon)$	$\varepsilon(\mu\varepsilon)$	$\Delta\varepsilon(\mu\varepsilon)$	$\varepsilon(\mu\varepsilon)$	$\Delta\varepsilon(\mu\varepsilon)$
-0.5													
-1.5													
-2.5													
-3.5													
-4.5													
ε_d 增量 均值$(\mu\varepsilon)$													

下　梁

应变片 载荷		R_{II1}		R_{II2}		R_{II3}		R_{II4}		R_{II5}		R_{II6}	
$P(\text{kN})$	$\Delta P(\text{kN})$	$\varepsilon(\mu\varepsilon)$	$\Delta\varepsilon(\mu\varepsilon)$	$\varepsilon(\mu\varepsilon)$	$\Delta\varepsilon(\mu\varepsilon)$	$\varepsilon(\mu\varepsilon)$	$\Delta\varepsilon(\mu\varepsilon)$	$\varepsilon(\mu\varepsilon)$	$\Delta\varepsilon(\mu\varepsilon)$	$\varepsilon(\mu\varepsilon)$	$\Delta\varepsilon(\mu\varepsilon)$	$\varepsilon(\mu\varepsilon)$	$\Delta\varepsilon(\mu\varepsilon)$
-0.5													
-1.5													
-2.5													
-3.5													
-4.5													
ε_d 增量 均值$(\mu\varepsilon)$													

3. 计算结果

（1）根据实验数据计算各点的平均应变,求出各点的实验应力值,并计算出各点的理论应力值;计算实验应力值与理论应力值的相对误差。

上　梁

应变片	R_{I1}	R_{I2}	R_{I3}	R_{I4}	R_{I5}	R_{I6}
相对中心轴的坐标 y(mm)						
实验应力值(MPa)						
理论应力值(MPa)						
相对误差(%)						

下　梁

应变片	R_{II1}	R_{II2}	R_{II3}	R_{II4}	R_{II5}	R_{II6}
相对中心轴的坐标 y(mm)						
实验应力值(MPa)						
理论应力值(MPa)						
相对误差(%)						

（2）按同一比例分别画出各点应力的实验值和理论值沿横截面高度的分布曲线,将两者进行比较,如果两者接近,说明叠梁、复合梁的正应力计算公式成立。

上梁	下梁

四、思考题

1. 如何理解叠梁中各梁受力大小与其抗弯刚度 EI 有关？

2. 复合梁中性层为何偏移？如何理解复合梁实验中出现两个中性层？

3. 比较叠梁、复合梁应力、应变分布规律。

4. 推导叠梁和复合梁横截面应力应变计算公式。

实验九 薄壁圆筒的弯扭组合实验报告

院系		专业班级		姓名		实验日期	
组号		同组成员				实验成绩	

一、实验目的

二、实验设备

三、实验数据和计算结果

1. 材料数据

弹性模量(GPa)		外径(mm)	
泊松比(μ)		内径(mm)	
抗弯截面模量(cm^3)		臂长(mm)	
抗扭截面模量(cm^3)		自由端到测点距离(mm)	

2. 实验数据

载荷 (kN)		读数应变 ε_d ($\mu\varepsilon$)															
		A								B							
		45°		0°		-45°		45°		0°		45°		0°		-45°	
P(kN)	ΔP(kN)	ε($\mu\varepsilon$)	$\Delta\varepsilon$($\mu\varepsilon$)	ε($\mu\varepsilon$)	$\Delta\varepsilon$($\mu\varepsilon$)	ε($\mu\varepsilon$)	$\Delta\varepsilon$($\mu\varepsilon$)	ε($\mu\varepsilon$)	$\Delta\varepsilon$($\mu\varepsilon$)	ε($\mu\varepsilon$)	$\Delta\varepsilon$($\mu\varepsilon$)	ε($\mu\varepsilon$)	$\Delta\varepsilon$($\mu\varepsilon$)	ε($\mu\varepsilon$)	$\Delta\varepsilon$($\mu\varepsilon$)	ε($\mu\varepsilon$)	$\Delta\varepsilon$($\mu\varepsilon$)
ε_d 增量均值($\mu\varepsilon$)																	

载荷(kN)		读数应变 ε_d（$\mu\varepsilon$）											
P(kN)	ΔP(kN)	C						D					
		45°		0°		-45°		45°		0°		-45°	
		ε（$\mu\varepsilon$）	$\Delta\varepsilon$（$\mu\varepsilon$）	ε（$\mu\varepsilon$）	$\Delta\varepsilon$（$\mu\varepsilon$）	ε（$\mu\varepsilon$）	$\Delta\varepsilon$（$\mu\varepsilon$）	ε（$\mu\varepsilon$）	$\Delta\varepsilon$（$\mu\varepsilon$）	ε（$\mu\varepsilon$）	$\Delta\varepsilon$（$\mu\varepsilon$）	ε（$\mu\varepsilon$）	$\Delta\varepsilon$（$\mu\varepsilon$）
ε_d增量 均值（$\mu\varepsilon$）													

载荷(kN)		读数应变 $\varepsilon_d(\mu\varepsilon)$					
		弯矩 ε_{Md}		剪力 ε_{Ql}		扭矩 ε_{nd}	
P(kN)	ΔP(kN)	$\varepsilon(\mu\varepsilon)$	$\Delta\varepsilon(\mu\varepsilon)$	$\varepsilon(\mu\varepsilon)$	$\Delta\varepsilon(\mu\varepsilon)$	$\varepsilon(\mu\varepsilon)$	$\Delta\varepsilon(\mu\varepsilon)$
ε_d 增量均值($\mu\varepsilon$)							

3. 计算结果

	实验值				理论值				误差(%)			
	A	B	C	D	A	B	C	D	A	B	C	D
σ_1(MPa)												
σ_3(MPa)												
φ(度)												

	实验值	理论值	误差(%)
σ_M(MPa)			
τ_T(MPa)			
τ_Q(MPa)			

实验十　应变片粘贴实验报告

院系		专业班级		姓名		实验日期	
组号		同组成员				实验成绩	

一、实验目的

二、实验设备

三、电阻应变片的工作原理

四、简述贴片、接线、检查等主要步骤

五、画出布片方式和编号图

实验十一　　压杆稳定实验报告

院系		专业班级		姓名		实验日期	
组号		同组成员				实验成绩	

一、实验目的

二、实验设备及器材

三、实验数据

1. 材料参数

试样尺寸	截面Ⅰ	截面Ⅱ	截面Ⅲ	平均值
厚度 t（mm）				
宽度 b（mm）				
长度 l（mm）	两端铰支：		一端固定，一端铰支：	
最小惯性矩 I_{min}（mm⁴）		弹性模量 E（MPa）		

本实验杆端约束采用两端铰支，长度系数：$\mu = 1.0$。

2. 实验记录数据

临界载荷 F_{cr} 测量数据

序号	载荷 F(N)	应变读数 ε_d(10^{-6})	应变差值 ε(10^{-6})
0			
1			
2			
3			
4			
5			
6			
7			
8			
9			
10			
11			
12			
13			
14			
15			
16			
17			
18			
19			
20			
21			
22			
23			
24			
25			
26			

四、实验数据处理绘制 F-ε 曲线,以确定实测临界力 $F_{cr测}$

五、计算理论临界力 $F_{cr理}$,并计算相对误差

实验临界力(N)	
理论临界力(N)	
相对误差(%)	

六、思考题

1. 本试验装置与理想状况有何不同?

　　2. 压杆临界力的测量结果和理论计算结果之间的差异,主要是由哪些因素引起的?

实验十二　偏心拉伸实验报告

院系		专业班级		姓名		实验日期	
组号		同组成员				实验成绩	

一、实验目的

二、实验设备

三、实验数据

1. 试件原始尺寸

试样尺寸	截面Ⅰ	截面Ⅱ	截面Ⅲ	平均值
厚度 t(mm)				
宽度 b(mm)				
应变片矩形心轴距离 y(mm)				
最小惯性矩 I_{min}(mm^4)		弹性模量 E(GPa)		

2. 实验数据

载荷(F)kN	读数应变			R_1与R_2 $\varepsilon_1(\mu\varepsilon)$				R_3与R_4 $\varepsilon_2(\mu\varepsilon)$				R_5与R_6 $\varepsilon_3(\mu\varepsilon)$			
	1	2	3	平均	1	2	3	平均	1	2	3	平均	1	2	3	平均

通过对称轴线加载

1																
2																
3																

沿 $A-A'$ 加载　$\varepsilon_{A1}(\mu\varepsilon)$　$\varepsilon_{A2}(\mu\varepsilon)$　$\varepsilon_{A3}(\mu\varepsilon)$

四、实验数据处理

		实验值	理论值	相对误差
偏心拉伸拉应力				
偏心拉伸 弯曲应力	$y = 15$(mm)			
	$y = -15$(mm)			
中性轴位置				

五、实验结论

六、思考题

1. 实验若不采用通过试件对称轴和通过偏心 $A - A'$ 截面的两次加载,是否能分离出由轴力引起的应力和由弯矩引起的应力?

2. 本实验采用串联单臂半桥连接方式,可解决测试中出现的什么问题?

3. 当通过试件对称轴加载时,3 组应变片(R_1 与 R_2,R_3 与 R_4,R_5 与 R_6)的读数应变是否应该相同?

4. 本实验若不采用串联单臂半桥连接方式,还可以采用什么组桥连接方式?

实验十三　方框拉伸实验报告

院系		专业班级		姓名		实验日期	
组号		同组成员				实验成绩	

一、实验目的

二、实验设备

三、实验数据

1. 试件原始尺寸

材料			弹性模量(GPa)		
外框边长(mm)			内框边长(mm)		
厚度(mm)			$A - A'$截面面积S(mm^2)		
抗弯截面模量(mm^3)			抗扭截面模量(mm^3)		
各应变距受力点的 垂直距离 y(mm)	4	5	6	7	8	9

2. 实验数据记录

载荷 (F)/kN				读数应变 A－A′内表面 με				白线 4 με				白线 5 με			
1	2	3	平均	1	2	3	平均	1	2	3	平均	1	2	3	平均

载荷 (F)/kN				读数应变 白线 6 με				白线 7 με				白线 8 με			
1	2	3	平均	1	2	3	平均	1	2	3	平均	1	2	3	平均

表一

载荷(F)kN	读数应变				A－A′外表面 με				绿线 4 με				绿线 5 με			
	1	2	3	平均	1	2	3	平均	1	2	3	平均	1	2	3	平均

表二

载荷(F)kN	读数应变				绿线 6 με				绿线 7 με				绿线 8 με			
	1	2	3	平均	1	2	3	平均	1	2	3	平均	1	2	3	平均

表三

载荷(F)kN	读数应变				A－A′截面双臂半桥 με				A－A′截面对臂全桥 με			
	1	2	3	平均	1	2	3	平均	1	2	3	平均

3. 实验结果处理

编号	应变片位置名称	应变理论值 μ	应力理论值（MPa）	应变实验值 μ	应力实验值（MPa）	实验误差（%）
1	$A-A'$内					
2	白线 4					
3	白线 5					
4	白线 6					
5	白线 7					
6	白线 8					
7	$A-A'$外					
8	绿线 4					
9	绿线 5					
10	绿线 6					
11	绿线 7					
12	绿线 8					

四、实验结论

五、思考题

本实验是否可以同时测定方框试件 $A-A'$ 截面由轴力引起的应变和由弯矩引起的应变？提供布片方案。

实验十四　圆框拉伸实验报告

院系		专业班级		姓名		实验日期	
组号		同组成员				实验成绩	

一、实验目的

二、实验设备

三、实验数据及计算结果

1. 试件原始尺寸

材料		弹性模量/GPa	
外框边长（mm）		内框边长（mm）	
厚度（mm）		$A - A'$截面面积 S（mm²）	
抗弯截面模量（mm³）		抗扭截面模量（mm³）	

各应变片与受力方向的夹角	4	5	6	7	8	9

2. 实验数据

载荷(F)kN	读数应变				A－A'内表面με				白线4με				白线5με			
	1	2	3	平均	1	2	3	平均	1	2	3	平均	1	2	3	平均

载荷(F)kN	读数应变				白线6με				白线7με				白线8με			
	1	2	3	平均	1	2	3	平均	1	2	3	平均	1	2	3	平均

读数应变

载荷(F)kN	A－A′外表面 με				绿线4 με				绿线5 με			
	1	2	3	平均	1	2	3	平均	1	2	3	平均

读数应变

载荷(F)kN	绿线6 με				绿线7 με				绿线8 με			
	1	2	3	平均	1	2	3	平均	1	2	3	平均

读数应变

载荷(F)kN	A－A′截面双臂半桥 με				A－A′截面对臂全桥 με			
	1	2	3	平均	1	2	3	平均

3. 实验结果处理

编号	应变片位置名称	应变理论值 μ	应力理论值 （MPa）	应变实验值 μ	应力实验值 （MPa）	实验误差 （%）
1	$A - A'$内					
2	白线 4					
3	白线 5					
4	白线 6					
5	白线 7					
6	白线 8					
7	$A - A'$外					
8	绿线 4					
9	绿线 5					
10	绿线 6					
11	绿线 7					
12	绿线 8					

四、实验结论

五、思考题

本实验是否可以同时测定方框试件 $A - A'$ 截面由轴力引起的应变和弯矩引起的应变？提供组桥方案，并写出轴力和弯矩与读数应变的关系式。